序

小谷元子

東北大学大学院理学研究科数学専攻

道なかば,暗い森のなかをさまようダンテの前に,「言葉の源流」であるヴェルギリウスが現れる.「なぜ喜びの山に登らないのか,あらゆる歓喜の始めであり,本である,あの喜びの山に」と諭されたダンテは,「『あなたが先達,あなたが主君,あなたが師です』 こう私は彼にいった.そして,彼が歩きだすと後ろについて峻嶮苛烈な道へ私は入った」
(ダンテ『神曲』平川祐弘訳,河出書房新社)

本に囲まれていると幸せだ.外国に行っても,時間があまると本屋さんに足を運ぶ.全く読むことのできない現地語の書物ばかりであっても,何故かなんだか落ち着くのである.

「読書」をキーワードに,古今東西の名言をぐぐってみる.「良き書物を読むことは,過去の最もすぐれた人々と会話するようなものである」(デカルト『方法序説』),「本を読むことは,本と,またその著者と対話をすることです.本

は，問うたり，答えたりしながら読まねばなりません．要するに，読書は，精神上の力くらべであります」（福田恆存「教養について」『私の幸福論』）などに代表されるように，本を読むことは，時代を超えて，場所を超えて，人とつながり対話を楽しむことだと多くの人が考えている．なるほど，だから書籍に囲まれると幸せな安心感に浸れるのだと納得する．

私は，現在大学で数学の教育と研究に従事している．本を読み，そこから問題を掘り起こし，調べることが小さい頃から好きだった．多くの人々や出来事との出会いによって今の私があるのだが，そのなかでもこれまで読んできた本からの影響は大きい．表題を聞くだけで胸が締め付けられるような思いを与えてくれた本，年齢とともになんども繰り返し読み，そのときどきに異なる仕方で私に語りかけてくれた本，私という人間の成り立ちに読書は欠かせない．もちろん，数学を志すことになったのも本との出会いによる．周りにヴェルギリウスのような先達がいたわけではない私にとって，中学・高校のときに，ランダムに出会った数学の書物は闇夜に光る道先案内であった．全体を見渡す地図はなかったが，足元を照らしてくれる一冊の本をなんどもなんども読み，分からないところは自分なりの解釈を考え，論旨を展開し，それでも納得いかないところは中学・高校の数学の先生に質問に行った．そのような楽しみが数学に惹かれた最初であったと思う．

数学の歴史は古い．古代から人類が発見した現象は，数学の言葉により智慧となり，諸学問として体系化された．従って，優れた数学書が伝えるのは単に数学の知識だけではない．全く新しいパラダイムを構築する人間の発想力に満ちており感動を覚える．人間は，想像力と論理力によって，次元を超え空間を超え，実際に見ることのできないものを見，触れないものに触れることができる．数学は人間にそのような万能の力を与える学問である，といったらあまりに身びいきすぎるだろうか．しかし，数学書と対話を繰り返すうちにそのように感じ，その結果，一度しかない人生なら，どのように艱難の途であっても，

自然の根幹にふれる数学という学問になんとか携わっていきたい，そのような思いが捨てきれず，今にいたっているのである．同じように，一人でも多くの人に数学の，そして人間の素晴らしさを分かって欲しい，そしてそのためにも，たくさんの数学書を読んで欲しいと思う．しかし，数学は長い歴史の積み重ねであり，また汎用性を目指すことから非常に抽象性が高い．言葉遣いや議論の仕方も独特のお作法があり，適切な順番で読んでいかなくては理解できない積み上げ式の知識体系もあることから，すらすらと斜め読みしづらく，高度な対話技術が必要である．また，個性的な本に対しては，適当な付き合いかたもある．そのような訳で，自学者が数学書を読むにあたっては，良いガイダンスが必要なのである．

さて，本書の成り立ちを少々説明したい．本の街で知られる東京神田神保町の本屋街の並びに伝統的に数学書に力をいれていることで数学者や数学ファンの間ではよく知られた書店「書泉グランデ」がある．「数学者が読んでいる本ってどんな本だろう」，「数学者が数学者としてでき上がる過程で重要な意味をもった書物を知りたい」という要望に応え，書泉グランデの数学書担当の布川路子氏が，東京図書の松永智仁氏や新倉広己氏と議論を積み重ね，「数学者の書棚」フェアが明治大学の砂田利一氏をアドバイザーとして2011年に書泉グランデ理工学書フロアの一角で開始した．

数学の初心者にとって，よい書物に出会うことが大切だという思いからだろうか，数学者，更にノーベル物理学賞受賞者の益川敏英氏（フェア1周年企画），東北大学物理学科卒の背景を持つSF作家の円城塔氏（フェア2周年企画）などが，「私の書棚」を書泉グランデで公開することを快諾された．私も末席を汚させていただいた．普段は表にでることを遠慮されることの多いフィールズ賞受賞者の森重文氏も参加されている．2013年の時点での選者は以下のとおりである（敬称略）．選書は2013年9月時点で合計875冊（予定）である．

第 1 回（2011 年 11 月 8 日から 2012 年 1 月 5 日）：砂田利一，選書 45 冊

第 2 回（2012 年 1 月 6 日から 2012 年 3 月 8 日）：黒川信重，選書 54 冊

第 3 回（2012 年 3 月 9 日から 2012 年 5 月 6 日）：森　重文，選書 75 冊

第 4 回（2012 年 5 月 7 日から 2012 年 7 月 8 日）：上野健爾，選書 93 冊

第 5 回（2012 年 7 月 9 日から 2012 年 9 月 9 日）：足立恒雄，選書 76 冊

第 6 回（2012 年 9 月 10 日から 2012 年 11 月 10 日）：小谷元子，選書 70 冊

第 7 回（2012 年 11 月 11 日から 2013 年 1 月 14 日）：益川敏英，選書 85 冊，フェア 1 周年企画

第 8 回（2013 年 1 月 15 日から 2013 年 3 月 10 日）：野崎昭弘，選書 73 冊

第 9 回（2013 年 3 月 11 日から 2013 年 5 月 12 日）：髙橋陽一郎，選書 82 冊

第 10 回（2013 年 5 月 13 日から 2013 年 7 月 14 日）：深谷賢治，選書 70 冊

第 11 回（2013 年 7 月 15 日から 2013 年 9 月 15 日）：高瀬正仁，選書 52 冊

第 12 回（2013 年 9 月 16 日から 2013 年 11 月 10 日）：田中一之，選書 53 冊（予定）

第 13 回（2013 年 11 月 11 日から 2013 年 12 月 31 日）：円城　塔，選書 47 冊（予定），フェア 2 周年企画

それぞれが思いのこもった本を選び，更にそれを一言に表した「ポップ」をつけて「私の書棚」コーナーができ上がった．フェアは好調で，多くの数学ファンが今（2013 年 9 月現在）でも続いており，売り上げも好調であると聞いている．

さて，これほどの選者が丁寧に選んだブックリストと，それに添えられた思いのこもった一言を，一過性の情報としてしまうのはあまりに惜しいと考え，東京図書の松永氏に提案した事が本ブックガイドのきっかけとなった．書泉グランデでのフェアは，紹介した本を広く多くの数学ファンに読んで欲しいという担当者の強い思いがあり，手に入りやすい「和書から」と要請があった．本ブックガイドでも，原則は和書という姿勢は崩していないが，フェアでは選ぶこ

とができなかった，重要必須の絶版書や洋書を加えた．数学者としての「私」を作った書物達を公開する，いわば「数学者の書棚の永久保存版」である．数学の本も数学者も感情を見せることが嫌いで，淡々と論理を積み重ねることが多い．しかし，その心の内には，あふれるような情熱やこだわりが隠れている．一人でも多くの人とそのような思いを分かち合い数学を愛して欲しい，数学者の多くはそのように考えている．というわけで普段はお見せしない熱い思いを盛り込んだブックガイドが本書なのである．

さて，本書の構成は以下のようになっている．円城氏までの2年間のブックフェア選者13人がすべてこのブックガイドに貢献している．各章は，それぞれの選者がフェアのために選んだブックリストと，そのなかでも特に思い入れのある書籍に対して，長めの紹介または短めの一言紹介をつけている．長めの紹介には，内容や歴史的な背景の解説に加え選者とその書籍との個人的な思い出などが書かれている．その書籍の「癖」とそれに対応するための「読み方指南」もあり，読みにくいときの解決法にもなる．短い方の「一言紹介」は，気の利いた一言で特色を言い切ったものもあれば，十数行程度のコメントを寄せているものもある．短い一言紹介をあわせて，コメントの付いた書籍が233冊，さらにブックリストに挙がった書籍は全950冊と，広い領域をカバーしており，数学の初心者が興味を惹かれる数学の分野や概念を知るための「良書」が並んだよい道先案内ができ上がった．更に，選ばれた書籍は，編集者によって数学一般，代数，幾何，解析，その他，に分類されて，それぞれに **数 代 幾 解 他** の印がついているのがありがたい．選者は概ね自分の専門に近い書籍を多く選んでいるが，数学に限らず物理や思想に関するもの，小説なども挙げている．読者対象も，いわゆる数学ファン向けと思われるものから，数学の学生や初学者を意識した専門的なものもある．

複数の選者にコメント付きで選ばれた書籍から幾つか拾ってみる．歴史的人物によって数百年以上前に書かれたガリレオ・ガリレイ『星界の報告』，L. オイ

ラー『オイラーの無限解析』，C. F. ガウス『ガウス　整数論』，J. W. R. デーデキント『数について　連続性と数の本質』などが現代においても輝きを失わずお勧め本として挙がっているのは，数学という学問の特色である．日本の近代数学の祖であり，また数々の書籍を残している高木貞治の『初等整数論講義』，『解析概論』，『近世数学史談』は誰もが認める名著であり，ほぼすべての選者がリストに加えコメントを寄せている．特に『近世数学史談』は「日本語で書かれた数学史の書物のなかで（中略）『近代数学史談』を超えるものはありません」（高瀬氏）とあるように，多くの数学者の心の琴線に触れる美しい著作である．数学のみならず理系の学生の基礎知識となる書籍は数多く出版されているが，なかでも M. スピヴァック『スピヴァック　多変数の解析学—古典理論への現代的アプローチ』，V. I. アーノルド，A. アベス『古典力学のエルゴード問題』は，単に知識ではなく数学的な物の考え方が分かる本として推薦されている．数学専門教育のテキストに関しては，選者が自分の専門領域を中心に挙げており，複数の選者に選ばれているか否かにはさほど意味はないとはいえ，新たなインサイトを与えてくれるものとして，E. アルティン『ガロア理論入門』，J. W. ミルナー『モース理論』，ファン・デル・ヴェルデン『現代代数学』，L. S. ポントリャーギン『連続群論』，岩澤健吉『代数函数論』，久賀道郎『ガロアの夢　群論と微分方程式』，杉浦光夫『解析入門 I，II』，山内恭彦，杉浦光夫『連続群論入門』，砂田利一『基本群とラプラシアン　幾何学における数論的方法』，田崎晴明『熱力学　現代的な視点から』，T. W. ケルナー『フーリエ解析大全』，長野正『曲面の数学』，古田幹雄『指数定理』，松島与三『多様体入門』などが3名以上から選ばれている．歴史的な背景のなかで数学の概念がどのように生まれるかを知ることのできる C. リード『ヒルベルト　現代数学の巨峰』，志賀浩二『無限からの光芒』，『数の大航海　対数の誕生と広がり』，M. カッツ『Kac 統計的独立性』，T. フランセーン『ゲーデルの定理　利用と誤用の不完全ガイド』，寺阪英孝『初等幾何学』，中村幸四郎，寺阪英孝，伊東俊太郎，池田美恵訳『ユークリッド原論』など，そして，数学書ではないが，複数の選者が推薦している E. A. アボット『フラットランド　多次元

の冒険』，J. L. ボルヘス『伝奇集』などがある．いずれも有名な名著であり，選者のコメントの違いを比較する楽しみがある．

また，複数の選者が辞典を挙げている．日本数学会が編集している岩波書店『岩波　数学辞典』に対して，1954年の初版刊行当時から愛読し続けているという益川氏のコメントは深い．「初版は，（中略）読者に対して，"**分からせる！**"**という気持ちで書かれたことがよく伝わってきました．それは，ひたすらに並ぶ用語の羅列ではなく，ひけばひくほどその奥につながるものを理解させようというような雰囲気**」があり，「**分からない用語をひき，さらにそこにある用語を孫引きする，こういうことを繰り返していくと，その専門分野の全体像が自ずと見えてくる，という効果で，初版はこれが秀逸でした**」．しかし，版（時代）が進み，「**数学自体の発展とともに分類の複雑さ，細分化が進**」み辞典の項目は515項目に増え，また総ページ数は，第1版増訂版685ページであったものが第4版では1680ページとなっている．そのために，この辞典がもっていた「**特徴を押し殺すようになってしまった**」と益川氏は続けている．学問の発展とともに，岩波数学辞典の役割は確かに変化してきた．数学の深化と広がりのなかで，現代数学の諸概念を1冊にまとめ切った本辞典は，数学者の知識の拠り所として国際数学社会でも評判が高く，翻訳の要望が寄せられている．一方，そのような現状に対応するためだろうか，「数学の歴史や社会的背景にも配慮し，項目を拾い読みしても楽しめる」辞典を作りたいという意気込みで編纂された『岩波　数学入門辞典』が，本ブックガイドでは複数の選者によって紹介されている．この辞典の編集委員長である上野氏自身による紹介は，辞典の内容だけではなく，数学書一般との対話の仕方の参考になる．数学書との対話には，紙と鉛筆が必要である．一読して分からなければ，だいたいは分からないのであるが，挙げてある例をもとに自分で定義の意味を考えてみる．辞典の項目を芋づる式にたどる．記述がまったく分からないときには，その項目に関する基礎知識が無いことを意味するので，何が欠けた知識かが分かる．欠けた基礎知識を補う書物を読みたい向きには，本ブックガイドがお役に

立とう．この数学入門辞典には，編集委員達の思いが詰まっており，その分産みの苦しみがあったと聞いているが，やはり素晴らしい辞典だと思う．更にコンパクトな寺阪英孝『現代数学小事典』も本ブックガイドに取り上げられている．

一見，数学と関係の無い書籍も数冊ずつエントリされている．なぜ，この書籍を「数学者の書棚」に選んだのか，想像を巡らして楽しんで欲しい．抑え気味のコメントの中に，選者の「数学者」としての魂を揺すぶった何かが見えてこないだろうか？　かつて，フランチェスカとパオロは，二人で『ランスロット卿とアーサー王の妻グィネビア王妃との恋の物語』を読んでいるうちに互いに惹かれ合い，その罪によって二人は地獄にいる．同じ本を分かち合うことは，時には背徳的な喜びとなり理性の垣根を飛び越え心を触れ合わせる．このブックガイドは，数学者が一生を捧げるまでの喜びを見出した数学の魅力を皆さんとシェアするためのガイドなのである．

さて，最後に再び神曲から

> この地はもはや私の力では分別のつかぬ処だ．私はここまでおまえを智と才でもって連れてきたが，ここから先はおまえの喜びを先達とするがよい

CONTENTS

00	序 小谷元子	iii
01	砂田利一	1
02	黒川信重	15
03	森　重文	29
04	上野健爾	37
05	足立恒雄	57
06	小谷元子	75
07	益川敏英	89
08	野崎昭弘	103
09	髙橋陽一郎	115
10	深谷賢治	131
11	高瀬正仁	147
12	田中一之	163
13	円城　塔	177

造本・装幀　岡 孝治＋椋本完二郎
カバー写真　© Pink Badger - Fotolia.com

本書中の次のアイコンは，該当する書籍の分野を表します．

数…数学一般

幾…幾何

解…解析

代…代数

他…その他

砂田利一
明治大学総合数理学部

私の書棚には詩集や哲学，歴史の書物が多く並んでいます．
数学を生業とする者が何故専門外の本に興味を持つのか，
その理由を理解していただければ幸いです．

01 | 数 幾 **解** 代 他

1

『自然認識の限界について，宇宙の七つの謎』
『確率の哲学的試論』

> 宇宙の真理は不可知なのに，なあ，
> そんなに心を労してなんの甲斐があるのか？
> 身を天命にまかして心の悩みはすてよ，
> ふりかかった筆のはこびはどうせ避けられないや．
> （オマル・ハイヤーム『ルバイヤート』から，小川亮作訳）

Emil Heinrich du Bois-Reymond 著
坂田徳男 訳
（岩波文庫），岩波書店
1928年

Pierre-Simon Laplace 著
内井惣七 訳
（岩波文庫），岩波書店
1997年

我々は何を知り，
何を知ることができないのか

太陽系の外に，すなわち地球とは一切の「交渉」など持たないように思われる宇宙の中に，地球の運命を直接左右する星々が存在する．8.6光年離れたシリウスA，あるいは25.3光年離れたベガ，さらにはベテルギウスやアンタレスなど，ギリシャ神話やアラビアの民話に由来する床しい名称に反して，それらの星々は地球に取っては運命を弄ぶ恐ろしきローマ神話の女神フォーチュナ（Fortuna）なのである．何事もなければ，従って何事もないことを強調することにより，フォーチュナは別称の「幸運の女神」とも言えるが，

「幸運」と「不運」は彼女に取っては切り離せない．実際，仮にその一つの星が超新星爆発を起こし，自転軸方向に放射するガンマ線バーストのビームがそれこそ運悪く地球を向いたときには，地球に住む生命はほぼ確実に絶滅するか壊滅的な打撃を受けることになる．それは，太陽の寿命が尽きつつあるときの，時間を掛けた地球滅亡や，前以て観測される小惑星や彗星の衝突が齎す地球規模の大災害とは異なり，人類に取っては「心の準備」が許されない，まさに理不尽な最期と言ってよい．

このような恐ろしい可能性を考えたとき，我々人類は何を思うのだろうか．ギリシャの神々とは異なる一神教の宇宙を司る神（絶対者）が，奢れる人類に罰を与えることと捉え，「千年王国」で復活することを祈ることで自らを慰めるのか，はたまたビッグバン以来の宇宙の形成の中で起こりうる単なる「小さな事件」として素直に受容するのか．かつてアインシュタインは，「人間の運命や行為を司る神は信じないが，すべての存在の調和に顕われるスピノザの神（宇宙的宗教感情）は信じる」と言明したが，後者の場合も，何かしらの宗教感情は見て取れる．

ところで，最近の天文学の発展には著しいものがある．太陽系はもちろんのこと，太陽系がその小さな一角を占めている天の川銀河を代表とする銀河系，さらに複数の銀河からなる銀河団，それらが作る網の目状の宇宙の大規模構造にまで，このちっぽけな地球に住み，宇宙全体から見れば「取るに足らない」ような人間の知覚が及んでいるのである．このような宇宙の知識は，上で述べたようなガンマ線バーストについてもそうであるが，人間のものの考え方にも大きな影響を及ぼすであろう．宇宙の本質を知ることは果たして人類を幸せにするのか，それとも虚無的世界観に人類を追い込むのか．11世紀のペルシャの天文学者・数学者・歴史学者であったオマル・ハイヤームが4行詩（『ルバイヤート』小川亮作訳，岩波文庫）で詠うように，宇宙の創成を知るのは諦めて，酒でも飲んで悩むのを止めるのか．

これに関連する問題がある．我々は何故ここにいるのか，何故宇宙を知りその調和を語ることができるのか．宇宙は何故「知性」あるいはその根源にある「意識」という摩訶不思議なものを生み出したのか．「自由意志」（もしそのようなものがあるとすればだが）は，宇宙の物理法則とはどのような関係があるのか．

ガンマ線を一つの例とする電磁波と，天体の秩序の基礎にある重力（波）は宇宙に満ち満ちていても，人間がいなければ色もなければ音もない暗黒と沈黙の世界．感覚機能を有する人類は地球の青さを愛で，太陽から降り注ぐ熱を感じ，さらにはホルモン物質の作用により人間同士の情愛を育む．それらは確かに物質と運動によるものとして説明はできる．しかし，「意識」についてはどうなのだろうか．脳内物質の運動と配置が詳らかになれば，「意識」というものが生み出される理由が明らかになるのだろうか．

たとえ宇宙のすべての法則を知りえたとしても，この疑問に答えられる者はいない．そう言明した学者が18世紀のドイツにいる．エミール・デュ・ボア＝レーモン（Emil Heinrich du Bois-Reymond: 1818–1896）がそうである（実関数の理論で有名な数学者 Paul du Bois-Reymond は彼の兄弟である）．彼の書いた『自然認識の限界について，宇宙の七つの謎』は，1872年のドイツ自然科学者医学者大会における講演と，その8年後のライプニッツ記念祭における講演を基にした論説である．デュ・ボア＝レーモンは動物電気の生理学のパイオニアの一人であり，科学史，文芸，美術，哲学などにも広い知識を有する学者であった．彼の「イグノラビムス」（我々は知らない，知ることはないだろう）という考え方の根底にあるのは，当時完全かつ終局的理論として信じられていたニュートン力学と素朴な原子論に依存している．彼の論述にはこのような限界はあるものの，たとえ20世紀に創始された量子力学の知識を以ってしても，彼の疑問に完全に答えることはできない．

「われわれは，宇宙の現在の状態はそれに先立つ状態の結果であり，それ以後の状態の原因であると考えなければならない．ある知性が，与えられた時点において，自然を動かしているすべての力と自然を構成しているすべての存在物のそれぞれの状況を知っているとし，さらにこれらの与えられた情報を分析する能力をもっているとしたならば，この知性は，同一の方程式のもとに宇宙のなかの最も大きい物体の運動も，また最も軽い原子の運動をも包摂せしめるであろう．この知性にとって不確かなものは何一つないであろうし，その目には未来も過去と同様に現存することであろう．人間の精神は，天文学に与えることができた完全さのうちに，この知性のささやかな素描を提示している」（内井惣七訳）

デュ・ボア＝レーモンは宇宙（あるいは運動）の起源も不可知であると言明する．この言明の中で，1814年に出版されたラプラスの『確率の哲学的試論』の序文に書かれている有名な一節を引用している．

デュ・ボア＝レーモンは，我々人間の知性と，ラプラスの描くところの知性（ラプラスの魔）の間には，ただ程度の上での差があるに過ぎず，ラプラスの魔の能力を以ってしても，物質と力の本性を知ることは敵わず，ましてやそれらがどうして思惟しうるのかについての謎について答えることは不可能であり，従って我ら人間が宇宙の起源を知ることはないだろう，と主張するのである．20世紀に確立した一般相対論，量子力学，素粒子論の究極にあるビッグバン理論をたとえ仮定しても，それで彼の疑問に答えたことにはならない．ビッグバンの前には何があったのか，宇宙に終わりがあるとすれば，その後には何があるのか，数多の仮説はあっても，それを確信をもって答えとすることはできないであろう．従って彼の不可知論は現代でも意義を有していると言えるのである．

筆者が『自然認識の限界について，

宇宙の七つの謎』を読んで思うことがある．自然認識についての彼の主張は，現代風に解釈すれば「還元主義」の限界を論証しているのだと捉えることもできる．しかし，「(要素）還元主義」やそれに対する「創発仮説」でも，自然認識というものが「数学的モデル」を介して行われることが仮定されているのである．と言うより，数学的モデルなくして我々は自然現象を理解することはできないと言っても良い．ガリレオ・ガリレイは「宇宙という書物は数学の言葉で書かれている (La Matematica? l'alfabeto nel quale Dio ha scrittol'universo)」と言っているが，これも数学的モデルを通してしか宇宙を理解できないことを意味している．さらにディラックは言う．「自然の基本法則を数学的形式で表そうと努力している研究者は，主として数学的美しさを求めて励むべきである．また，美しさに次ぐものとして，簡単さを考慮しなければならない．簡単さの要請と美しさの要請は同じものであることが多いが，両者がせめぎあうときは，美しさの方が優先されなくてはならない」(A. Pais ほか著，藤井昭彦訳『ポール・ディラック　人と業績』（ちくま学芸文庫），筑摩書房，2012). これも宇宙というものが数学を通してしか語りえないという揺ぎ無い確信を言い表している．

例を挙げよう．「無知」であることから偶然に感じられる諸現象をモデル化した確率論は，カルダノやパスカルによるギャンブルの問題に萌芽を持つが，それを確固とした数学の一分野に押し上げたのがラプラスである．「確率の一部は無知に相対的であり，一部は我々の知識に相対的である」というラプラスの確率論における立脚点は，（因果的）決定論及び還元主義から一旦距離を置くことの宣言でもある（ラプラスは決定論の典型である力学的世界観の洗練と完成に大いに貢献した数学者でもある）．これをさらに推し進め，カントルによる「実無限」の体現化である超限集合論を基礎にして数学的モデルを構成したのがコルモゴロフであった（坂本實訳『確率論の基礎概念』（ちくま学芸文庫），筑摩書房，2010). ここまでは数学の「自

己運動」とも言えるが，この数学的モデルは統計力学や量子力学を通して自然現象を説明するのに使われる．

自由意志をイリュージョンとする説でも，現象論に依拠しつつ数学的モデルを使う．数学を使わない自然科学など考えられないのは，自然認識の根源に数学的構造を知覚できる脳の機能が存在するからであろう．この機能は，自然現象のみならず社会現象の理解にまで及ぶ．筆者が問いかけたいのは，まさにこの機能が由来する「何ものか」の本性である．「何故，数学はこれ程までに物理学に役立つのか」と問いかけたのは素粒子論の建設者の一人であるウィグナーである（"On the unreasonable effffectiveness of mathematics in natural sciences"（自然科学における数学の不条理とも言える有効性））．一方，アインシュタインも「世界の中で理解できない最たること，世界を理解できることである（The external mystery of the world is its comprehensibility)」と言っているが，これも彼の理論を支えている数学の有効性への不可解さを表明していると考えてよい．宇宙を建設した神は幾何学者であるというプラトンの言葉も有名であり，そう思いたくなるのも宜なるかなと感じるくらい，数学の有効性は不可思議なことなのである．

そう，筆者の問いかけに正面から答えるものは誰もいない．たとえ，将来の科学がデュ・ボア＝レーモンの不可知論に証拠を以って反駁したとしても，この不可解さは永久に残るであろう．彼は，上述のIgnorabimus「我らは知らないであろう」という結びの言葉で『自然認識の限界について』の講演を終えている．それに倣って，次の言葉でこの拙文を終えることにする．

「我々は数学を通して世界を知ることはできるかもしれないが，何故それができるかについては知ることはないであろう」．

2 松島与三
[幾] 『多様体入門』
(数学選書 5), 裳華房, 1965 年

我が宇宙を記述するには？

3 Hermann Weyl 著
[数] 遠山啓 訳
『シンメトリー』
紀伊國屋書店, 1970 年

自然は本当に対称性を好むのだろうか？

4 田中尚夫
[数] 『選択公理と数学──発生と論争, そして確立への道　増訂版』
遊星社, 2005 年

現代数学の根源にある大前提を知ろう．

5 Euclid 著
[幾] 中村幸四郎, 寺阪英孝, 伊東俊太郎, 池田美恵 訳・解説
『ユークリッド原論　追補版』
共立出版, 2011 年

疎通知遠 ──幾何学の源に立ち戻ろう．

6 Jorge Luis Borges 著
[他] 鼓直 訳
「伝奇集」
(岩波文庫), 岩波書店, 1993 年

ボルヘスの迷宮から貴方は脱出できるだろうか．

7 久賀道郎
[数] 『ドクトル・クーガーの数学講座　1, 2』
日本評論社, 1992 年

ドクトル・クーガーの破天荒かつ臨場感一杯の数学講座．軽い語り口でありながら,「深い」数学に読者を誘う．プロの数学者に取っても興味深い話題で満ちている．

8 小野孝
[代] 『ガウスの和　ポアンカレの和　数論の最前線から』
日本評論社, 2008 年

数論に潜む数学的構造を理解することが, 深遠な数の世界への入り口に導くことを, 様々な材料を使って読者に理解させる．珠玉のような作品．

9 小野孝
[代] 『オイラーの主題による変奏曲　二次形式, 楕円曲線, ホップ写像』
実教出版, 1980 年

ディオファンタス, フェルマー, オイラー, ガウスと続く不定方程式の理論が, 現代数学においてどのように息づいているのかが理解できる．形こそ変われ, 良質な数学は永遠なのである．

10 小林禎作
[他] 『雪の結晶はなぜ六角形なのか』
(ちくま学芸文庫), 筑摩書房, 2013 年

身近にある「もの」から始まる物理

学.素朴な疑問から生まれる研究.寺田寅彦の著作やファラデーの「ロウソクの科学」に匹敵する素晴らしい本である.

11 数
Winfried Scharlau, Hans Opolka 著
志賀弘典 訳
『フェルマーの系譜 数論における着想の歴史』
日本評論社,1994年

次第に「深化」していく数学(数論)の様子が垣間見られる.難しい数式は読み飛ばしても,数学者が何を考え何を発見したのかを知ることができる.

12 他
Martin Gardner 著
坪井忠二,小島弘,藤井明彦 訳
『新版 自然界における右と左』
紀伊國屋書店,1992年

「鏡に映る私の上下は変わらないのに,何故右と左は逆転するのか」.「右と左」という日常の言葉から生まれる科学的考察を,様々な観点から解説している.

	著者, 訳者	書名, シリーズ名	出版社	刊行年	分野
1	岩澤健吉	代数函数論 増補版	岩波書店	1973	代
2	加藤敏夫 著 丸山徹 訳	行列の摂動 (シュプリンガー数学クラシックス)	丸善出版	1999	数
3	F. Hirzebruch 竹内勝	代数幾何学における位相的方法　POD版 (数学叢書12)	吉岡書店	2002	幾
4	田中尚夫	選択公理と数学――発生と論争,そして確立への道　増訂版	遊星社	2005	数
5	K. W. Körner 髙橋陽一郎 監訳	フーリエ解析大全　上・下	朝倉書店	1996	解
6	Fritz John 佐々木徹, 橋本義武, 示野信一	偏微分方程式	丸善出版	2012	解
7	Patrick Billingsley 渡辺毅, 十時東生	確率論とエントロピー　エルゴード理論と情報量 (数学叢書4)	吉岡書店	1968	解
8	Nicolas Bourbaki 杉浦光夫 担当翻訳	数学原論　リー群とリー環3	東京図書	1986	代
9	Yakov G. Sinai 森真	確率論入門コース	丸善出版	2012	解
10	Jürgen Jost 小谷元子	ポストモダン解析学　原書第3版	丸善出版	2009	解
11	服部昭	群とその表現 (共立数学講座18)	共立出版	1967	代
12	山中健	線形位相空間と一般関数 (共立数学講座16)	共立出版	1966	数
13	John Willard Milnor 志賀浩二	モース理論　POD版	吉岡書店	2004	幾
14	John Willard Milnor, James Dillon Stasheff 佐伯修, 佐久間一浩	特性類講義	丸善出版	2012	幾
15	松島与三	復刊　リー環論	共立出版	2010	代
16	松島与三	多様体入門 (数学選書5)	裳華房	1965	幾
17	盛田健彦	実解析と測度論の基礎 (数学レクチャーノート基礎編)	培風館	2004	解
18	Alain Connes 丸山文綱	非可換幾何学入門	岩波書店	1999	幾
19	酒井隆	リーマン幾何学 (数学選書11)	裳華房	1992	幾

	著者，訳者	書名，シリーズ名	出版社	刊行年	分野
20	Peter Frankl 前原濶	幾何学の散歩道―離散・組合せ幾何入門	共立出版	1991	幾
21	永田雅宜	可換体論	裳華房	1967	代
22	原田耕一郎	モンスター―群のひろがり	岩波書店	1999	代
23	梅村浩	楕円関数論―楕円曲線の解析学	東京大学出版会	2000	解
24	松本和夫	復刊　数理論理学	共立出版	2001	数
25	砂田利一	現代幾何学への道―ユークリッドの蒔いた種― (数学，この大きな流れ)	岩波書店	2010	幾
26	砂田利一	新版　バナッハ-タルスキーのパラドックス (岩波科学ライブラリー)	岩波書店	2009	幾
27	砂田利一	ダイヤモンドはなぜ美しい？―離散調和解析入門	丸善出版	2012	幾
28	砂田利一	基本群とラプラシアン―幾何学における数論的方法 (紀伊國屋数学叢書)	紀伊國屋書店	1988	幾
29	砂田利一	曲面の幾何 (現代数学への入門)	岩波書店	2004	幾
30	砂田利一	幾何入門 (現代数学への入門)	岩波書店	2004	幾
31	Georg Henrik von Wright 著 服部裕幸 監修 牛尾光一 訳	論理分析哲学 (講談社学術文庫)	講談社	2000	他
32	Pierre-Simon Laplace 内井惣七	確率の哲学的試論 (岩波文庫)	岩波書店	1997	解 他
33	谷川多佳子	デカルト―理性の境界と周縁	岩波書店	1995	他
34	砂川重信	電磁気学　新装版 (物理テキストシリーズ 4)	岩波書店	1987	他
35	C. Moller 永田恒夫，伊藤大輔	相対性理論	みすず書房	1959	他
36	田崎晴明	熱力学―現代的な視点から (新物理学シリーズ 32)	培風館	2000	他
37	Johannes Ludwig von Neumann 井上健，広重徹，恒藤敏彦	量子力学の数学的基礎	みすず書房	1957	他

	著者,訳者	書名,シリーズ名	出版社	刊行年	分野
38	室井和男	バビロニアの数学	東京大学出版会	2000	数
39	高木貞治	近世数学史談 (岩波文庫)	岩波書店	1995	数
40	Nicolas Bourbaki 村田全,杉浦光夫,清水達雄	ブルバキ 数学史 上・下 (ちくま学芸文庫)	筑摩書房	2006	数
41	André Weil 足立恒雄,三宅克哉	数論—歴史からのアプローチ	日本評論社	1987	代
42	志賀浩二	数の大航海 対数の誕生と広がり	日本評論社	1999	数
43	原田耕一郎	群の発見 (数学,この大きな流れ)	岩波書店	2001	代
44	Euclid 中村幸四郎,寺阪英孝,伊東俊太郎,池田美恵 訳・解説	ユークリッド原論 追補版	共立出版	2011	幾
45	Winfried Scharlau, Hans Opolka 志賀弘典	フェルマーの系譜—数論における着想の歴史	日本評論社	1994	数
46	武隈良一	数学史 (新数学シリーズ15)	培風館	1959	数
47	Sofia Vasilyevna Kovalevskaya 野上弥生子	ソーニャ・コヴァレフスカヤ—自伝と追想 (岩波文庫)	岩波書店	1978	他
48	トラチャンブロート 河野繁雄	アルゴリズムの数学	東京図書	1994	数
49	ボルチャンスキー,ロプシッツ 木村君男,銀林浩,筒井孝胤	面積と体積	東京図書	1994	数
50	Hermann Weyl 遠山啓	シンメトリー	紀伊國屋書店	1970	数
51	野崎昭弘	不完全性定理 (ちくま学芸文庫)	筑摩書房	2006	数
52	野矢茂樹	無限論の教室 (講談社現代新書)	講談社	1998	他
53	Benvenuto Cellini 古河弘人	チェッリーニ自伝 上・下 (岩波文庫)	岩波書店	1993	他
54	Stefan Zweig 高橋禎二,秋山英夫	ジョゼフ・フーシェ	みすず書房	1969	他

	著者，訳者	書名，シリーズ名	出版社	刊行年	分野
55	Stefan Zweig 内垣啓一，猿田悳，藤本淳雄	エラスムスの勝利と悲劇	みすず書房	1998	他
56	Jorge Luis Borges 鼓直	伝奇集 （岩波文庫）	岩波書店	1993	他
57	Omar Khayyam 小川亮作	ルバイヤート （岩波文庫）	岩波書店	1979	他
58	James Boswell 中野好之	ジョンソン博士の言葉	みすず書房	2002	他
59	小林頼子	フェルメール　謎めいた生涯と全作品 （角川文庫）	角川グループパブリッシング	2008	他
60	内井惣七	ダーウィンの思想　人間と動物のあいだ （岩波新書）	岩波書店	2009	他
61	Robert von Ranke Graves 多田智満子，赤井敏夫	この私，クラウディウス	みすず書房	2001	他
62	Edward Gibbon 中倉玄喜	新訳　ローマ帝国衰亡史　上・下　普及版	PHP研究所	2008	他
63	Emil Heinrich du Bois-Reymond 坂田徳男	自然認識の限界について，宇宙の七つの謎 （岩波文庫）	岩波書店	1928	解 他
64	久賀道郎	ドクトル・クーガーの数学講座 1, 2	日本評論社	1992	数
65	小野孝	ガウスの和 ポアンカレの和 数論の最前線から	日本評論社	2008	代
66	小野孝	オイラーの主題による変奏曲 二次形式，楕円曲線，ホップ写像	実教出版	1980	代
67	小林禎作	雪の結晶はなぜ六角形なのか （ちくま学芸文庫）	筑摩書房	2013	他
68	Martin Gardner 坪井忠二，小島弘，藤井明彦	新版　自然界における右と左	紀伊國屋書店	1992	他

Nobushige KUROKAWA

黒川信重
東京工業大学大学院理工学研究科

長い目で見ていないと大変なことになることに
気付かされるのも本からです．

数 幾 解 代 他

1

『宇宙の神秘』／『宇宙の調和』／『新年の贈り物 あるいは六角形の雪について』

Johannes Kepler 著
大槻真一郎, 岸本良彦 訳
工作舎
1982年, 原著1596年刊行

Johannes Kepler 著
岸本良彦 訳
工作舎
2009年

Johannes Kepler 著
1611年

『宇宙の神秘』は，五つの正多面体という数学を駆使して，宇宙の神秘を解明しようとした世界初の本．ケプラー (1571–1630) の最初の刊行本であり，太陽系の惑星軌道の構造を考察している．その後の，ケプラーの天文学研究の出発点である．

ケプラーの本が出版されたのは，今から約400年前の時代である．ケプラーは天文学者として知られている．ケプラーの法則を用意して，次の時代のニュートンに基礎情報を準備していたことが現代数学・現代物理学・現代天文学からすると大きい成果である．ケプラーは，この本を先駆けとして，その後も一生，天体の運動の理由と仕組みを解明しようと研究を行い，ケプラーの第三法則を含んで1619年に出版された『宇宙の調和』に至るまで，何冊もの根本的な本を発表したのである．

昔から昼夜の別なく天を仰いで見つ

めた人は，その動きの不思議に魅了された．私も，子供のころに，その謎にひきつけられた一人である．
ケプラーはドイツのチュービンゲン近郊に生まれ，チュービンゲン大学にて学んだ．そのときに，コペルニクスの「地球が太陽の周りを回転している」という革新的な説に触れて，信奉者になったのである．コペルニクス自身，その説の起源が紀元前500年頃のピタゴラス学派にさかのぼることができることを知っていた．また，コペルニクスが自説の公表を躊躇したことも良く知られている．

ケプラーはピタゴラスにあこがれていた．とくに，「万物は数である」とするピタゴラス学派のモットーにあこがれていた．この宇宙の根源は数で解明できるという信念である．しかも，その信念を公表することにまったくたじろがなかった．たいしたものである．

この本の中で，ケプラーは次のように述べている．

　　宇宙とは何か．
　　神には，創造のいかなる原因と理法が
　　そなわっているのか．
　　神は，どこから数をとったのか．
　　広大なる天体には，いかなる定規があるというのか．
　　どうして円軌道は六つなのか．
　　どの軌道にどれだけの間隔が入りこむのか．
　　木星と火星は第一の軌道をえがいてはいないのに
　　どうしてこれほど広く
　　二つの惑星のあいだがあいているのか．
　　そこでピュタゴラスは，このすべての秘密を，
　　五つの立体図形をもってあなたに教えてくれる．
　　いうまでもなく，彼は，
　　われわれの輪廻転生を自ら実例となって示した．

> まことコペルニクスという名の
> 宇宙の一層すぐれた観察者が，
> 二千年来の過誤を経て生まれてきたことこそ，
> その真相を語っていよう．
> どうかいまここに発見された収穫を，
> ドングリのようなものより軽視して
> 捨て去ることのないように．

現代文明は数年単位の過去と未来しか視野に入れていないようである．少なくとも，400年単位の変動に目を配らなければ，真相は見えないと，2011年3月11日に日本は実感した．800年前，1200年前に何があったのかを，知っていれば，我々の考えも変わったであろう．

先日，長年の念願かなって，ケプラーのいたチュービンゲンの街を訪問する機会をもつことができた．初期のチュービンゲン大学が構築された付近にあるケプラー通りを散策しながら，400年前に思いを馳せた．ケプラーといえども，独学でコペルニクス説やピタゴラス主義にたどりついたのではなく，チュービンゲン大学のメストリン教授の教えと懇意を得て，親しむことができたのである．さらに，この本のような過激な思想を印刷し出版することをチュービンゲン大学がバックアップしたことも大きい．ここには，ケプラーの2000年前にさかのぼるピタゴラス以来の，数えきれないひとからひとに伝わってきた考えのバトンが，見事に受け渡されていることを確認することができる．

私が昔，この本を手にしたころは，ケプラーの全体像を見ていたわけではなかった．チュービンゲン大学に行ったときに認識は改まった．それは，その後に『新年の贈り物　あるいは六角形の雪について』なども読んでいたからである．これは，雪の結晶が六角形を基礎にしていることをはじめ，現在「ケプラー予想」と言われている三次元空間での球の最密充填詰込にも触れている著書である．ケプラーにとっては，数学で自

然を解明する構想の一環である．

ケプラー予想は2005年にT.ヘールズによって解かれたことになっている．ただし，事情は，やや複雑である．2005年とは，ヘールズがケプラー予想を解決したとして1998年にAnnals of Mathematicsという雑誌に投稿していた論文が受理され出版された年であるが，その論文内容については理論的面だけを編集部は認め，膨大なコンピューター計算面は確認できないので掲載しない，という異例の措置であった．歯切れの悪い話であるが，現在でも，ケプラー予想は完全解決なのかどうかは意見が分かれるようである．

それはともかく，ケプラーが死後も物議をかもす難題を遺していたことは興味深い．ケプラーは，何年にもわたる火星の軌道計算を行って，有名なケプラーの法則を発見したのである．それも，円軌道と思われていた真相が楕円軌道という意外なものであった．現在なら，コンピューターによる膨大な計算で発見されるのかもしれない．

一つ，チュービンゲンの話を付け加えておこう．それは，「最初の計算機」の話題である．

1623年にチュービンゲン大学数学教授のウィルヘルム・シッカートによって作られたとする説であり，復元計算機もチュービンゲン大学に展示されている．6ケタの加減乗算が行える程度のものであったようだ．通説は1642年のパスカル計算機が世界最初というものであったが，それより20年ほど早い．シッカートは天文学とヘブライ語の教授もしていたという．ヘブライ語の構文が計算機構築に影響を与えていた，という説もあるようだ．その上，シッカートからケプラーへの手紙によると，シッカートの二台目の計算機は天文計算のためにケプラーに譲られることになっていた，というのだから，事実は小説より奇なり，という感が強い．つまり，計算機の発明はケプラー達の巨大な天文計算のためであった，というのである．

このように，奇妙なことを通してではあるが，人と人のつながりが数学を動かしていくのである．

2 『星界の報告』

Galileo Galilei 著
山田慶児, 谷泰 訳
(岩波文庫), 岩波書店
1976年, 原著1610年頃刊行

『星界の報告』
遠い世界も近くの世界
と無関係ではないのです

特徴：当時の学術用語となっていたラテン語ではなく，市民にも読めるようにイタリア語で書かれている．遠い世界も近くの世界も無関係ではないことを，観測と推察で解明した画期的な本．

紹介：望遠鏡を用いた天文観測によって，木星の四つの衛星，月面のクレーター，太陽の黒点，などを発見した観測記録と分析報告．

ガリレオの活躍していた時代は，いまから400年ほど昔であるが，そのころは，地上の法則と天体の法則は全く別個のものと思われていた．ガリレオのこの本は，発明されたばかりの望遠鏡を早速用いて，天体の観測を行った結果を淡々と報告している．それによって，太陽には変動する黒点もあるし，木星には位置を変

えていく四つの衛星があるし，月には山も谷もあって影が観測できる，というように，天空といえども不変で完全な世界ではないことを事実として提示した意義が大きい．天上世界も地上と同様な法則が存在するだろう，という最初の発見であった．

ケプラーは，この発見にいち早く賛意と支持を表明して，ガリレオを感激させている．

ケプラーは火星の観測記録から膨大な計算で楕円軌道を発見するという，ガリレオとはまた別の道を通って，宇宙の真実に至っている．

ケプラーは「地球は太陽の周りを回転している」というコペルニクス説を明確に支持したことでも知られる．一方，ガリレオはコペルニクス説を内心では当然と思ってはいたものの，その支持を表明することに消極的であったことが事態を複雑にしていて，その後の混乱を引き起こしている．科学者が真実と考えることを表明できない欺瞞は，2011年3月以来いやというほど見聞きした．ガリレオの著書を紐解くことは，そのことを顧みて，反省を促す作用もある．ケプラーのように思ったことを言おう．

なお，ガリレオの発見した太陽黒点に関しては，その後の現代に至る研究によって，太陽の活動状況を伝える重要な情報であることが次第に判明してきた．とくに，何かと基礎の疑わしい地球温暖化問題を考えるには，太陽の活動を良く見ることが，第一の基本である．太陽黒点の減少・消滅は，地球が寒冷化に向かっていることを示唆している．いまこそ，ガリレオの400年前のこの本を読んで，太陽黒点に思いを馳せるときである．

3 ユークリッド 著
[幾] 中村幸四郎，寺阪英孝，伊東俊太郎，池田美恵 訳・解説
『ユークリッド原論　追補版』
共立出版，2011年

紀元前300年くらいに書かれた本書は，それまでのピタゴラス学派の数学教科書類をアレクサンドリア大図書館にてユークリッドがまとめた数学書である．今に伝わる歴史上最初の数学体系書といえよう．点とは何か，線とは何か，からはじまって，素数の定義と，素因数分解，素数が無限個あることの証明，正多面体はちょうど五つあることの証明まで含まれている．2300年たった現在でも，数学書として充分通用する内容である．この2300年の間に人類はどれだけ進歩したのかを顧みるのにも最適．

4 高木貞治
[数] 『近世数学史談』
(共立全書)，共立出版，1970年／
(岩波文庫)，岩波書店，1995年

1920年に類体論を完成したことで世界的に知られる高木貞治が，ガウスによる楕円関数研究を中心に数学史を臨場感にあふれて記述した本．本書を読んで数学者を志した人は数知れない．現在の日本では『解析概論』の教科書で有名であるが，高木貞治は楕円関数論の専門家であった．そのことは，1920年の類体論を完成した論文の後半を読めば一目瞭然である．そこでは，前半で構築された類体論をもとに，楕円関数論を駆使して「クロネッカー青春の夢（虚2次体版）」の証明を完成しているのである．『近世数学史談』が余技と思っているひとは，1920年の論文を見て見解を改めてほしい．

5 一松信
[解] 『留数解析　留数による定積分と級数の計算』
(数学ワンポイント双書)，共立出版，1979年

複素関数論ならこの本．留数計算にポイントを絞っている．特に，スターリングの公式のあざやかな取扱いは，その方法を高校生のときに発見して報告した筆者にとっても，青春の良い思い出となっている．

6 清宮俊雄
[幾] 『幾何学　発見的研究法』
(モノグラフ双書)，科学新興新社，1988年

数学研究法を高校生に実例をもって示した本．題材は初等幾何であるが，類似・一般化・変型版などの数学研究の基礎が身に付き，どんな分野にも応用が利く．

7 加藤和也
[代] 『類体論と非可換類体論　1　フェルマーの最終定理・佐藤―テイト予想解決への道』
岩波書店，2009年

最近爆発的に研究が進展した非可換類体論予想（ラングランズ予想）の

現状を伝える本．全4巻で完成予定であり，第2巻以降の刊行が待たれる．

8 近藤洋逸
幾 『新幾何学思想史』
(ちくま学芸文庫)，筑摩書房，2008年

非ユークリッド幾何学の発見の苦難の道を体験しよう．さらに，リーマンの幾何学は実は精神世界の解明までも目指していたことまでもが詳細にわたって書いてある．

9 高木貞治
代 『初等整数論講義 第2版』
共立出版，1971年

初等という字に惑わされてはいけない．整数論を学びたいひとには，まずこれを薦める．ゼータ関数やエル関数の特殊値の話まで詳しく書かれている．

10 ルクレーティウス 著
他 樋口勝彦 訳
『物の本質について』
(岩波文庫)，岩波書店，1961年

他 ルクレーティウス 著（原典同じ）
藤沢令夫，岩田義一 訳
『事物の本性について』
筑摩書房，1965年

デモクリトスの原子論に基づいて宇宙を解明しようとする本．ものは原子（アトム）に分解し，また，原子が合体してものができる．読んでいると，原子のいろいろな形が実感として迫って来る本．デモクリトスの思想が幾多の反対勢力の攻撃にもかかわらず，現在に生き残った幸せを感じる．原子を分解すれば原発と原爆になる．

11 若井敏明
他 『邪馬台国の滅亡』
吉川弘文館，2010年

日本の起源とされる九州北部の邪馬台国が，のちに日本を「平定」する大和勢力によって，何時どのようにして滅ぼされたのかを解明している．『日本書紀』や『古事記』の隠蔽記事も中国の記録から真実が見えてくる．「平定」は現在の世界騒乱の根源につながる思想である．

12 大野晋
他 『日本語の源流を求めて』
(岩波新書)，岩波書店，2007年

他 大野晋 編
『古典基礎語辞典』
角川学芸出版，2011年

日本語の起源をタミル語との関連を軸に解明している．辞典はそれを用いた語釈実行例．
たとえば，日本人の典型的感情表現である「あはれ」はタミル語「avalam」という自分や他人の悲しみ表現の言葉から来ていることを詳細に原典から示している．叶うものならば，海を渡って日本にきたタミル人達をタイムマシンで見て感謝と応援をしたい．

13 内山勝利 編
他 『ソクラテス以前哲学者断片集』
岩波書店，2008 年

紀元前 400 年頃までに，どのようなことが考えられていたかを，きちんとしたテキストで読める本である．これによって，プラトンがピタゴラス学派の教科書を違法に買収して「テマイオス」を書いたこと，デモクリトスの（微小）原子への分解が体積を求める積分学の起源となったこと，デモクリトスの著書などの活動記録がプラトンによって消されたこと，等々を確認しよう．

14 高瀬幸一
代 『群の表現論序説』
岩波書店，2013 年

群の表現論入門に最適な単行本がついに刊行された．対談形式のわかりやすい導入から，局所コンパクト群の表現論の基本的な部分もしっかりと書かれている．表現論関係では，多様な基礎を用いるため，とかく，他の本をたくさん参照せざるを得ない本が多い中での貴重書である．岩波書店 100 周年にふさわしい．

	著者，訳者	書名，シリーズ名	出版社	刊行年	分野
1	ヨハネス・ケプラー 大槻真一郎，岸本良彦	宇宙の神秘	工作舎	1982	他
2	ヨハネス・ケプラー	新年の贈り物　あるいは六角形の雪について		1611	他
3	内山勝利 編	ソクラテス以前哲学者断片集	岩波書店	2008	他
4	高瀬幸一	群の表現論序説	岩波書店	2013	代
5	黒川信重	リーマン予想の150年 (数学，この大きな流れ)	岩波書店	2009	代
6	黒川信重	オイラー，リーマン，ラマヌジャン　時空を超えた数学者の接点 (岩波科学ライブラリー)	岩波書店	2006	代
7	黒川信重	オイラー探検 (シュプリンガー数学リーディングス)	丸善出版	2007	代
8	黒川信重，小山信也	絶対数学	日本評論社	2010	代
9	黒川信重，小山信也	多重三角関数論講義	日本評論社	2010	代
10	黒川信重，小山信也	リーマン予想の数理物理 (SGCライブラリ 86)	サイエンス社	2011	代
11	ユークリッド 中村幸四郎，寺阪英孝，伊東俊太郎，池田美恵 訳・解説	ユークリッド原論　追補版	共立出版	2011	幾
12	リワノワ 松野武，山崎昇	リーマンとアインシュタインの世界　新装版	東京図書	1991	数
13	リワノワ 松野武	ロバチェフスキーの世界	東京図書	1975	数
14	E. アルティン 寺田文行	ガロア理論入門	東京図書	1974	代
15	エミール・アルティン 寺田文行	ガロア理論入門 (ちくま学芸文庫)	筑摩書房	2010	代
16	イアンブリコス 佐藤義尚	ピュタゴラス伝	国文社	2000	数
17	トーマス・リトル・ヒース 平田寛，菊池俊彦，大沼正則	復刻版　ギリシア数学史	共立出版	1998	数
18	高木貞治	初等整数論講義　第2版	共立出版	1971	代
19	高木貞治	近世数学史談 (共立全書)	共立出版	1970	数

	著者, 訳者	書名, シリーズ名	出版社	刊行年	分野
20	高木貞治	近世数学史談 (岩波文庫)	岩波書店	1995	数
21	E. A. フェルマン 山本敦之	オイラー　その生涯と業績	シュプリンガー・ジャパン	2002	数
22	D. ラウグヴィッツ 山本敦之	リーマン　人と業績	丸善出版	1998	数
23	砂田利一	基本群とラプラシアン　幾何学における数論的方法 (紀伊國屋数学叢書)	紀伊國屋書店	1988	幾
24	谷山豊 杉浦光夫, 清水達雄, 佐武一郎, 山崎圭次郎 編	谷山豊全集　増補版	日本評論社	1994	数
25	近藤洋逸	新幾何学思想史 (ちくま学芸文庫)	筑摩書房	2008	幾
26	一松信	留数解析　留数による定積分と級数の計算 (数学ワンポイント双書)	共立出版	1979	解
27	藤崎源二郎	体とガロア理論 (岩波基礎数学選書)	岩波書店	1991	代
28	鈴木通夫	群論　上・下	岩波書店	1977	代
29	清宮俊雄	幾何学　発見的研究法 (モノグラフ双書)	科学新興新社	1988	幾
30	加藤和也	解決！　フェルマーの最終定理　現代数論の軌跡	日本評論社	1995	代
31	加藤和也	類体論と非可換類体論　1　フェルマーの最終定理・佐藤―テイト予想解決への道	岩波書店	2009	代
32	G. H. ハーディ, E. M. ライト 示野信一, 矢神毅	数論入門 I, II (シュプリンガー数学クラシックス)	丸善出版	2001	代
33	グロタンディーク 辻雄一	数学と裸の王様　ある夢と数学の埋葬	現代数学社	1990	数
34	ライプニッツ	ライプニッツ著作集〈2〉数学論・数学	工作舎	1997	数
35	ブルバキ	数学原論　代数 3	東京図書	1977	代
36	ファン・デル・ヴェルデン 銀林浩	現代代数学（全 3 巻）	東京図書	1959	代
37	ロバート・カニーゲル	無限の天才　天逝の数学者ラマヌジャン	工作舎	1994	数
38	小野孝	復刊　数論序説	裳華房	1987	代

	著者，訳者	書名，シリーズ名	出版社	刊行年	分野
39	マーカス・デュ・ソートイ 冨永星	シンメトリーの地図帳 （新潮クレスト・ブックス）	新潮社	2010	代
40	ポントリャーギン	連続群論 上・下	岩波書店	1957	代
41	佐武一郎	現代数学の源流（上） 複素関数論と複素整数論	朝倉書店	2007	解
42	木村達雄 編	佐藤幹夫の数学	日本評論社	2007	数
43	久賀道郎	ドクトル・クーガーの数学講座 1, 2	日本評論社	1992	数
44	ヴァン・デル・ウァルデン 村田全，佐藤勝造	数学の黎明 オリエントからギリシアへ	みすず書房	1984	数
45	リヴィエル・ネッツ，ウィリアム・ノエル 吉田晋治 監訳	解読！ アルキメデス写本 羊皮紙から甦った天才数学者	光文社	2008	数
46	小林昭七	円の数学	裳華房	1999	数
47	津田丈夫	復刻 不可能の証明	共立出版	2011	数
48	イアン・スチュアート 水谷淳	数学の秘密の本棚	ソフトバンククリエイティヴ	2010	他
49	上野健爾	数学者的思考トレーニング 代数編	岩波書店	2010	代
50	山内恭彦，杉浦光夫	連続群論入門 新装版 （新数学シリーズ）	培風館	2010	代
51	平井武	線形代数と群の表現 I, II	朝倉書店	2001	代
52	アンドリュース，エリクソン 佐藤文広	整数の分割	数学書房	2006	代
53	梅村浩	ガロア 偉大なる曖昧さの理論	現代数学社	2011	数
54	小山信也	素数からゼータへ，そしてカオスへ	日本評論社	2010	代
55	藤崎源二郎，森田康夫，山本芳彦	数論への出発 増補版	日本評論社	2004	代
56	大野晋	日本語の源流を求めて （岩波新書）	岩波書店	2007	他
57	大野晋 編	古典基礎語辞典	角川学芸出版	2011	他
58	バルザック 水野亮	「絶対」の探求 （岩波文庫）	岩波書店	1939	他

	著者, 訳者	書名, シリーズ名	出版社	刊行年	分野
59	安藤昌益	統道真伝（全集版）	農山漁村文化協会	1983 – 1987	他
60	安藤昌益	統道真伝（岩波文庫）	岩波書店	1966	他
61	朝永振一郎 編	物理の歴史（ちくま学芸文庫）	筑摩書房	2010	他
62	アーサー・ケストラー 小尾信彌, 木村博	ヨハネス・ケプラー　近代宇宙観の夜明け（ちくま学芸文庫）	筑摩書房	2008	他
63	ガリレオ・ガリレイ 山田慶児, 谷泰	星界の報告　他一編（岩波文庫）	岩波書店	1976	他
64	若井敏明	邪馬台国の滅亡	吉川弘文館	2010	他
65	江沢洋	だれが原子をみたか	岩波書店	2013	他
66	H. G. ウェルズ 橋本槇矩	イカロスになりそこねた男	ジャストシステム	1996	他
67	G. ファーメロ 吉田三知世	量子の海, ディラックの深淵 天才物理学者の華々しき業績と寡黙なる生涯	早川書房	2010	他
68	ルクレーティウス 藤沢令夫, 岩田義一	事物の本性について	筑摩書房	1965	他
69	ルクレーティウス 樋口勝彦	物の本質について（岩波文庫）	岩波書店	1961	他
70	寺田寅彦	寺田寅彦随筆集　第二巻（岩波文庫）	岩波書店	1947	他
71	ジョージ・ガモフ 伏見康治, 市井三郎, 鎮目恭夫, 林一	完本　トムキンスの冒険	白揚社	1990	他
72	ニコラウス・クザーヌス 大出哲, 八巻和彦	可能現実存在（アウロラ叢書）	国文社	1987	他
73	広重徹 編	科学史のすすめ	筑摩書房	1970	他
74	ミッシェ・セール 豊田彰	ルクレティウスのテキストにおける物理学の誕生	法政大学出版局	1996	他
75	ヨハネス・ケプラー 岸本良彦	宇宙の調和	工作舎	2009	他
76	カレル・チャペック 飯島周	絶対製造工場（平凡社ライブラリー）	平凡社	2010	他
77	カレル・チャペック 田才益夫	クラカチット	青土社	2007	他

03

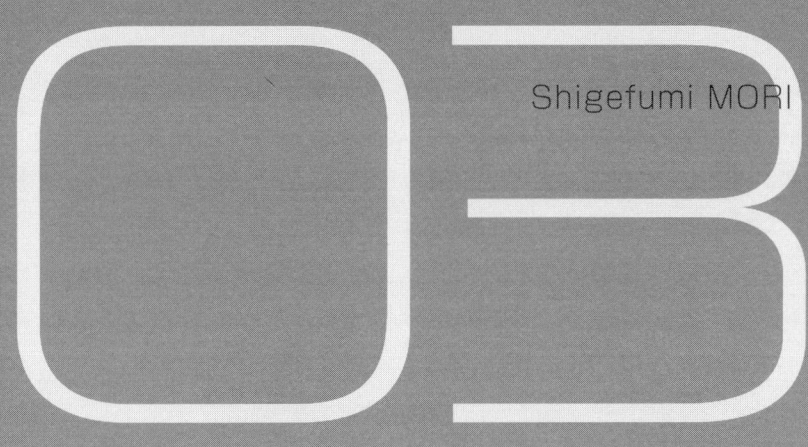

Shigefumi MORI

森　重文
京都大学数理解析研究所

一般の方向けということで学生時代に読んだものが多いですが，最近のものも含めて，強く印象に残っている本を選んでみました．

1 数学のたのしみ編集部 編
[数]『数学まなびはじめ 第1集・第2集』
日本評論社, 2006年

自分の担当話は, 気恥ずかしい昔話だったが, 今となっては貴重な自分史.

2 Miles Lead 著
[代] 若林功 訳
『初等代数幾何講義』
岩波書店, 1991年

わかりやすい代数幾何入門書.

3 B. L. van der Waerden 著
[代] 銀林浩 訳
『現代代数学』(全3巻)
東京図書, 1959年

自主ゼミで代数学を一からじっくり学んだ, 思い出深い本.

4 一松信
[数]『石とりゲームの数理 POD版』
(数学ライブラリー教養篇), 森北出版, 2003年

ゲームの中にも興味深い数学があると教えてくれた.

5 高木貞治
[数]『復刻版 近世数学史談数学雑談』
共立出版, 1996年

数学者のドラマ・裏話にこれほど魅了された覚えはない.

6 外村彰
[他]『目で見る美しい量子力学』
サイエンス社, 2010年

実験の写真のすばらしさ.

7 小田忠雄
[代]『凸体と代数幾何学 POD版』
(紀伊國屋数学叢書24), 紀伊國屋書店, 2008年

トーリック多様体理論に関する座右の一冊.

8 志村五郎
[他]『記憶の切繪図―七十五年の回想』
筑摩書房, 2008年

著者の志村先生から直接思い出話を伺っている気持ちになった.

9 産経新聞社 編
[他]『伝えたい大切なこと』
東洋経済新報社, 2006年

その道の専門家が小学生に語りかける本. 読んでいて楽しい.

10 廣中平祐 講義
[代] 森重文 記録
『代数幾何学』
京都大学学術出版会, 2004年

大学3回生で受けた忘れられない授業. スペクトル系列は, この授業で習得した.

11 永田雅宜
[代]『可換体論』
裳華房, 1967年

内容が豊富で非常に役立った.

12 松阪和夫
数 『集合・位相入門』
岩波書店, 1968 年

無限を扱う議論が, この本でやっと理解できた.

13 大関信雄, 青柳雅計
数 『不等式』
(数学選書), 槇書店, 1967 年

不等式の楽しさ・難しさ. 等式とは異なる世界がある.

14 スモゴルジェフスキー, コソトフスキー 著
幾 安香満恵, 矢島敬二, 松野武 訳
『定木による作図, コンパスによる作図』
(数学新書), 東京図書, 1964 年

一見マニアックな作図本だが, 深い数学への思わぬ発展も.

	著者，訳者	書名，シリーズ名	出版社	刊行年	分野
1	David Hilbert 吉田洋一，正田建次郎 監修 一松信 訳	ヒルベルト　数学の問題　増補版 （現代数学の系譜 4）	共立出版	1969	数
2	F. Hirzebruch 竹内勝	代数幾何学における位相的方法　POD 版 （数学叢書 12）	吉岡書店	2002	幾
3	Janos Kollar，森重文	双有理幾何学	岩波書店	2008	代
4	Helen Kelsall Nickerson, D. C. Spencer, N. E. Steenrod 原田重春，佐藤正次	現代ベクトル解析　ベクトル解析から調和積分へ	岩波書店	1965	解
5	Mikhail Mikhailovich Postnikov 日野寛三	ガロアの理論	東京図書	1964	代
6	Miles Lead 若林功	初等代数幾何講義	岩波書店	1991	代
7	B. L. van der Waerden 銀林浩	現代代数学（全 3 巻）	東京図書	1959	代
8	秋月康夫，永田雅宜	復刊　近代代数学	共立出版	2012	代
9	石井志保子	特異点入門	シュプリンガーフェアラーク東京	1997	代
10	伊藤清三	ルベーグ積分入門 （数学選書 4）	裳華房	1963	解
11	岩澤健吉	代数函数論　増補版	岩波書店	1973	代
12	小田忠雄	凸体と代数幾何学　POD 版 （紀伊國屋数学叢書 24）	紀伊國屋書店	2008	代
13	川又雄二郎	代数多様体論 （共立講座 21 世紀の数学 19）	共立出版	1997	代
14	小松醇郎，永田雅宜	理工科系　代数学と幾何学 （大学教程新課程）	共立出版	1966	代
15	佐武一郎	行列と行列式	裳華房	1958	数
16	園正造	方程式論	至文堂	1948	代
17	高木貞治	定本　解析概論	岩波書店	2010	解
18	高木貞治	初等整数論講義　第 2 版	共立出版	1971	代
19	高木貞治	代数学講義　改訂新版	共立出版	1965	代
20	高木貞治	代数的整数論　第 2 版	岩波書店	1971	代
21	辻正次	複素関数論	槇書店	1968	解

	著者，訳者	書名，シリーズ名	出版社	刊行年	分野
22	三宅敏恒	保型形式と整数論 (紀伊國屋数学叢書 7)	紀伊國屋書店	1976	代
23	中井喜和，永田雅宜	代数幾何学 (現代数学講座)	共立出版	1957	代
24	中岡稔	復刊 位相幾何学 ホモロジー論	共立出版	1999	幾
25	永田雅宜	可換環論	紀伊國屋書店	1974	代
26	永田雅宜	可換体論	裳華房	1967	代
27	永田雅宜 代表著者	理系のための線型代数の基礎	紀伊國屋書店	1987	数
28	永田雅宜，本田欣哉	復刊 アーベル群・代数群	共立出版	1999	代
29	永田雅宜，宮西正宜，丸山正樹	復刊 抽象代数幾何学	共立出版	1999	代
30	長野正	大域変分法 (共立講座現代の数学 17)	共立出版	1971	幾
31	服部昭	復刊 現代代数学 (近代数学講座 1)	朝倉書店	2004	代
32	一松信	多変数解析函数論	培風館	1960	解
33	廣中平祐 講義 森重文 記録	代数幾何学	京都大学学術出版会	2004	代
34	深谷賢治	ゲージ理論とトポロジー	丸善出版	2012	幾
35	Nicolas Bourbaki 中沢英昭 担当翻訳	数学原論 可換代数 3	東京図書	1986	代
36	Nicolas Bourbaki 銀林浩 編 浅枝陽，清水達雄 訳	数学原論 代数 3	東京図書	1977	代
37	Nicolas Bourbaki 銀林浩 編 倉田令二朗，清水達雄 訳	数学原論 代数 4	東京図書	1969	代
38	Nicolas Bourbaki 銀林浩 編 草場公邦，清水達雄 訳	数学原論 代数 5	東京図書	1969	代
39	松阪和夫	集合・位相入門	岩波書店	1968	数
40	松島与三	復刊 リー環論	共立出版	2010	代
41	松島与三	多様体入門 (数学選書 5)	裳華房	1965	幾
42	宮西正宜	代数幾何学 (数学選書 10)	裳華房	1990	代

	著者, 訳者	書名, シリーズ名	出版社	刊行年	分野
43	John Willard Milnor 志賀浩二	モース理論　POD版	吉岡書店	2004	幾
44	向井茂	モジュライ理論 I，II	岩波書店	2008	代
45	本橋洋一	解析的整数論 I—素数分布論 (朝倉数学大系)	朝倉書店	2009	代
46	森川寿	不変式論 (紀伊國屋数学叢書 11)	紀伊國屋書店	1977	数
47	横田一郎	群と位相 (基礎数学選書 5)	裳華房	1971	代
48	谷山豊 杉浦光夫，清水達雄，佐武一郎，山崎圭次郎 編	谷山豊全集　増補版	日本評論社	1994	数
49	大関信雄，青柳雅計	不等式 (数学選書)	槙書店	1967	数
50	スモゴルジェフスキー，コソトフスキー 安香満恵，矢島敬二，松野武	定木による作図，コンパスによる作図 (数学新書)	東京図書	1964	幾
51	久賀道郎	ガロアの夢　群論と微分方程式	日本評論社	1968	数
52	一松信	石とりゲームの数理　POD版 (数学ライブラリー　教養篇)	森北出版	2003	数
53	A. M. Yaglom, I. M. Yaglom 筒井孝胤	初等的に解いた高等数学の問題 1-4 (数学新書 12-15)	東京図書	1957 –	数
54	高木貞治	復刻版　近世数学史談・数学雑談	共立出版	1996	数
55	神保道夫	量子群とヤン・バクスター方程式	シュプリンガーフェアラーク東京	1990	代
56	Carol Prikh 廣中平祐 監訳 矢野環，正木玲子 訳	数学者ザリスキーの生涯	シュプリンガーフェアラーク東京	1996	数
57	彌永昌吉	ガロアの時代　ガロアの数学 第一部，第二部 (シュプリンガー数学クラブ)	丸善出版	1999 2002	数
58	彌永昌吉	数学者の 20 世紀　彌永昌吉エッセイ集 1941-2000	岩波書店	2000	数
59	André Weil 稲葉延子	アンドレ・ヴェイユ自伝　ある数学者の修行時代　上・下 (シュプリンガー数学クラブ)	丸善出版	2012	数

	著者，訳者	書名，シリーズ名	出版社	刊行年	分野
60	彌永昌吉	若き日の思い出	岩波書店	2005	数
61	外村彰	目で見る美しい量子力学	サイエンス社	2010	他
62	伊藤清	確率論と私	岩波書店	2010	解
63	伊原康隆	志学数学	丸善出版	2012	数
64	岡部恒治，戸瀬信之，西村和雄	小数ができない大学生―国公立大学も学力崩壊	東洋経済新報社	2000	数
65	小川洋子	博士の愛した数式	新潮社	2003	他
66	Freeman Wills Crofts 向後英一	クロフツ短編集（創元推理文庫）	東京創元社	1965–	他
67	産経新聞社 編	伝えたい大切なこと	東洋経済新報社	2006	他
68	志村五郎	記憶の切繪図―七十五年の回想	筑摩書房	2008	他
69	志村五郎	数学をいかに使うか（ちくま学芸文庫）	筑摩書房	2010	数
70	志村五郎	中国説話文学とその背景（ちくま学芸文庫）	筑摩書房	2006	他
71	城山三郎	無所属の時間で生きる（朝日文庫）	朝日新聞社	2002	他
72	数学のたのしみ編集部 編	数学まなびはじめ　第1集，第2集	日本評論社	2006	数
73	西村和雄，和田秀樹，戸瀬信之	算数軽視が学力を崩壊させる	講談社	1999	数
74	勝井三雄	視覚の地平	宣伝会議	2003	他

04

Kenji UENO

上野健爾
四日市大学関孝和数学研究所

欧米では良書は息長く出版され続けるが,
日本ではすぐ品切れになってしまう.
現在でも入手可能な本を中心に紹介したい.

数 幾 **解** 代 他

1

『Topics in Complex Function Theory, Vol. 1, 2, 3』

C. L. Siegel 著
John Wiley & Sons
1969年

> 19世紀のリーマンによって構築された閉リーマン面とアーベル函数論の古典論を展開した教科書である．
> 全3巻で取り扱われる古典論は現代の抽象的な理論を学ぶ際に大きな力になる．

閉リーマン面とアーベル函数論の古典論を展開した教科書である．

C. L. ジーゲルは20世紀のドイツを代表する数学者である．その業績は主として解析数論と天体力学にある．解析数論と天体力学とは奇妙な組み合わせに見えるかもしれないが，両者ともに名人芸の評価を必要とする点で共通のものがある．数学上の業績は素晴らしいが，その一方で奇妙な振る舞いで毀誉褒貶の激しい数学者でもある．ドイツでよく語られた逸話はゲッチンゲン大学がリーマン・ロッホの定理を証明したこれまたドイツを代表する数学者F. ヒルツェブルッフを教授として招聘しようとしたときに，州の文部大臣（ドイツはいくつかの州に分かれ，地方分権が強く，大学は国立ではなく州立になっていて，大学教授の任命権は最終的に州の文部大臣に属する）に「ゲッチンゲン大学に関数解析の専門家はいらない」と働きかけ

この本はC. L. ジーゲルがゲッチンゲン大学で行った講義のノートをもとに著者が書き加えたものである．19世紀のリーマンによって構築された

て，招聘を阻止したというものである．ヒルツェブルフは当時は主としてトポロジーと複素多様体の研究をしていたので，関数解析とは奇妙な話しであるが，ジーゲルにとって古典的でない20世紀後半に一大進歩を遂げた数学を関数解析で代表させたのであろう．

さて，この本は第1巻は「楕円函数と一意化理論」第2巻は「保型函数とアーベル積分」第3巻は「アーベル函数と多変数モジュラー函数」と副題がついている．第1巻は楕円積分の加法公式から話しを始めて楕円積分とその逆関数としての楕円函数が導入され，さらにワイエルシュトラスの$\wp$函数が定義され，楕円函数の一般論が記されている．さらに楕円函数が退化すると三角函数が現れることが示され，それを利用してゼータ函数 $\zeta(s)$ の $s=2, 4, 6$ での値が計算されている．この内容だけでも一読に値するみごとな記述であるが，第1章は第2章以降で展開される理論のモデルとして提示されている．

第2章ではまず代数函数が定義される．x, y を変数とする2変数既約多項式 $f(x, y) = 0$ に対して y を x の函数と見たものを代数函数というが，x の値を一つ決めると一般に y は $f(x, y)$ の y に関する次数分だけ異なる値をとるので y は x の多価函数である．しかし y の値を一つ決めると近傍で x の正則函数となる．この事実を使うと $f(x, y) = 0$ に1次元複素多様体（リーマン面）の構造を入れることができる．x の無限遠点を考慮に入れるとこの1次元複素多様体は閉じていると考えることができる．第2章で扱われるのは，閉リーマン面の普遍被覆空間は種数が2以上であれば単位円板と等角同値であるという一意化定理である．通常の証明と違ってきわめて古典的な方法で普遍被覆空間を構成している点がこの本の特徴である．第2巻では閉リーマン面の理論で最も美しいヤコビの逆問題の証明が与えられ，第3巻ではアーベル函数とテータ函数の一般論と，ジーゲルモジュラー函数の理論が展開されている．

全巻を読破するのは大変かもしれないが，まず第1巻の第1章をていねいに読まれることをお勧めする．

『岩波 数学入門辞典』

青本和彦，上野健爾，加藤和也，神保道夫，砂田利一，髙橋陽一郎，深谷賢治，俣野博，室田一雄 編集
岩波書店
2005年

読む辞典．知っているつもりの項目を拾い読みするだけでも思いがけない発見があるだろう．
現代数学の基礎概念が分かりやすく解説されている．

筆者もこの辞典の著者の一人であるので，本来であれば取り上げるべきではないのであるが，この辞典に関してほとんど論じられることがないのが何とも残念であるので著者の立場から本辞典の紹介をしたい．

大学に入って数学を学び始めると高校数学との違いに戸惑う人が多い．問題が解ければよかった高校時代の数学と違って大学での数学は概念の理解が重要となってくる．しかし，そうしたことは高校ではほとんど強調されないのでいつのまにか大学での数学が分からなくなり，期末試験は高校時代のやりかたで何とかしのぐ大学生が激増している．これでは数学を理解せずに終わってしまうことになり，何とももったいないことである．こうしたときに，数学の概念が何であるかを理解するのに役立つのが本辞典である．

たとえば大学に入学して学ぶ線形代

数では1次従属（線型従属とも言う）や1次独立（線型独立とも言う）はなかなか理解しにくい概念である．こんなものは知らなくても行列や行列式の計算はできると思われがちであるが，行列の階数が出てくると計算だけでは分からなくなってしまう．本辞典の1次従属の項を引くと線型従属と同じであるとしか記されていない．そこで線型従属を引くと次のような説明が出てくる．

　　1次従属ともいう．線型空間のベクトル $\mathbf{x}_1, \mathbf{x}_2, \cdots, \mathbf{x}_k$ に関して，少なくとも1つは0でない k 個の定数 $a_1, a_2, \cdots, a_k$ によって
　　　　$a_1\mathbf{x}_1 + a_2\mathbf{x}_2 + \cdots + a_k\mathbf{x}_k = 0$
　が成り立つとき $\mathbf{x}_1, \mathbf{x}_2, \cdots, \mathbf{x}_k$ は線型従属（linearly dependent）であるという．

　　たとえば，行ベクトル $\mathbf{x}_1 = (1, 0)$, $\mathbf{x}_2 = (0, 1)$, $\mathbf{x}_3 = (2, 3)$ の間には $2\mathbf{x}_1 + 3\mathbf{x}_2 + (-1)\mathbf{x}_3 = 0$ という線型関係が存在するから，線型従属である．

　　$\mathbf{x}_1, \mathbf{x}_2, \cdots, \mathbf{x}_k$ が線型従属であるための必要十分条件は，これらが張るベクトル空間の次元が $k-1$ 以下であることである．

$\mathbf{x}_1, \mathbf{x}_2, \cdots, \mathbf{x}_k$ が列ベクトルであるときは，これらを並べて書いた行列 $[\mathbf{x}_1, \mathbf{x}_2, \cdots, \mathbf{x}_k]$ の階数が $k-1$ 以下であることと同値である．線型従属は，線型独立の反意語である．⇒線形独立

本辞典の特徴は線型従属だけでなく線型独立についても詳しく説明している点にある．線型従属について説明してあれば，線型独立については「線型従属でないこと．」と記すのが通例であるが，本辞典は敢えて両者とも説明を加えている．線型独立の項は

　　1次独立ともいう．ベクトル $\mathbf{x}_1, \mathbf{x}_2, \cdots, \mathbf{x}_k$ が与えられたときに，定数 $a_1, a_2, \cdots, a_k$ に対して
　　　　$a_1\mathbf{x}_1 + a_2\mathbf{x}_2 + \cdots + a_k\mathbf{x}_k = \mathbf{0}$
　が成り立つのは $a_1 = a_2 = \cdots = a_k = 0$ の場合に限るとき $\mathbf{x}_1, \mathbf{x}_2, \cdots, \mathbf{x}_k$ は線型独立（linearly independent）であるという．

　　$\mathbf{x}_1, \mathbf{x}_2, \cdots, \mathbf{x}_k$ が線型独立であるための必要十分条件は，これらが張るベクトル空間の次元が k であることである．$\mathbf{x}_1, \mathbf{x}_2, \cdots, \mathbf{x}_k$ が列ベクトルであれば，これらを並べて書いた行列 $[\mathbf{x}_1, \mathbf{x}_2, \cdots,$

$\mathbf{x}_k]$ の階数が k であることとも同値である.

例 列ベクトルのなす線型空間 $\mathbf{R}^n$ における基本ベクトルは線型独立である.

線型独立は,線型従属の反意語である. ⇒線形従属

線型従属といわば正反対の記述になっている.

もちろんこれらの項目を一読しただけでは分からないかもしれないが,さらに「階数」といった項を引くことによって 1 次従属や 1 次独立の概念が少しずつ分かるようになってくる.また,短い記述の中にも工夫して例が挿入してあるので,その例をもとに考えてもよい.本辞典での線型従属の項での例は 2 次の列ベクトルであったから,たとえば 3 次の列ベクトルの場合を考えてみるとよい.$\mathbf{x}_1 = (1, 1, 1)$, $\mathbf{x}_2 = (1, 0, 1)$, $\mathbf{x}_3 = (1, 2, 3)$ を考えてみる.

$$a_1 \mathbf{x}_1 + a_2 \mathbf{x}_2 + a_3 \mathbf{x}_3 = \mathbf{0}$$

が成り立つとすると,これは

$$a_1(1, 1, 1) + a_2(1, 0, 1) + a_3(1, 2, 3) = (0, 0, 0)$$

と書くことができ,さらに

$$(a_1 + a_2 + a_3, a_1 + 2a_3, a_1 + a_2 + 3a_3)$$
$$= (0, 0, 0)$$

と書き直すことができる.a_1, a_2, a_3 はしたがって連立方程式

$$a_1 + a_2 + a_3 = 0$$
$$a_1 \phantom{{}+ a_2} + 2a_3 = 0$$
$$a_1 + a_2 + 3a_3 = 0$$

の解となり,$a_1 = a_2 = a_3 = 0$ であることが分かり,今度は $\mathbf{x}_1, \mathbf{x}_2, \mathbf{x}_3$ は線型独立となる.一方 $\mathbf{x}_1 = (0, 1, 1)$, $\mathbf{x}_2 = (0, 0, 1)$, $\mathbf{x}_3 = (0, 2, 3)$ の場合は線型従属となる.このように考えると線型従属や線型独立が連立方程式の解と関係することが分かり,そのことから行列の階数と関係していることが分かる.このように,本辞典の例をもとに自分で考えることによって理解が深まることが分かる.また,本辞典の行列や線型空間の項を引いてみるとさらに理解が深まるであろう.このように,本辞典の項目を芋づる式にたどることによって理解を深めることができる.一方,本辞典の記述が全く分からないときは,その項目に関する理解ができるほどには基礎の知識が無いことを意味するので,何を勉強しなければならないかが分かる.

本辞典は応用数学の項目をたくさん

取り上げている．さらに古典力学，電磁気学，流休力学，量子力学，統計物理学などに関連する物理の項目も多く採用してあり，数学科の大学院生だけでなく数学を使う立場の人達にも十分に通用する内容になっている．また，数学史の項目も多数含んでいる．とりわけ従来の数学辞典ではあまり取り上げられなかったインド，中国，朝鮮や江戸時代の数学史や活躍した主要な数学者が述べられている．また3次・4次方程式の解法の歴史も年表風にまとめられている．そうした項目を拾い読みすると数学の持つ統一性と時代や文化の違いが数学にどのような影響を与えたかがおぼろげながら分かるであろう．

本書の執筆には長い時間がかかった．著者たちは手分けして項目を執筆したが，途中で全員がすべての項目に目を通して意見を闘わせた．短い記述に著者の思いを込めるために皆が苦労したが，実はどこが重要で，どこに解説の力点を置くかは各人の数学観によって大きく異なる．一時は編集作業が空中分解するのではないかと思われるほどに著者間の意見の相違を調整するのに手間取ったが，最終的には読者にできるだけ分かりやすい記述にして活用してもらいたいという思いが勝り，辞典としてまとめることができた．一人でも多くの数学愛好家の書架に置かれることを希望する．

3 『オイラーの無限解析』

Leonhardo Euler 著
高瀬正仁 訳
海鳴社
2001年

> 数学の歴史を変えた本．
> 無限小，無限大を あたかも数で
> あるように扱った本書の議論を
> イプシロン・デルタ論法を使って
> 書き直すことができれば
> あなたは立派な数学者！

　この本はオイラーの「無限解析入門」の日本語訳である．原文はラテン語である．この本はオイラーの代表作の一つであり，主として無限級数を複素数の函数として取り扱っていることによってその後の解析学の進展の原動力となった．有名なオイラーの関係式

$$e^{\pi\sqrt{-1}} = -1$$

も登場する．（オイラーは i を虚数単位とは別の意味で使っているのでここではオイラーにならって虚数単位を $\sqrt{-1}$ と記す．）

この本は大変読みやすく訳されているが，一つだけ奇妙な訳語「アリトメチカ」が頻出する．通常は算術と訳され，たとえば算術級数（等差級数のこと）は本訳書では「アリトメチカ的級数」という訳語になる．「アリトメチカ」を「算術」と訳することに訳者は違和感をもっているようであるが，歴史的な経緯から決

まってしまった訳語は少々違和感があってもそのまま使わないと他の人に通じなくなる．この本を読む場合，この点は注意しておく必要がある．

第1章から3章は函数に関する考察が記されている．函数概念がまだ完全には確立していなかった時代の産物であるので欠陥があるのはやむを得ない．幸いに第1章だけは訳者による比較的詳細な注がついているのでそれを参考にすれば読むことができよう．数学的に興味があるのは第4章以降である．オイラーの独特の言葉遣いにある程度なれたら第4章から読むのがよい．幸いにしてほとんど注がついていないので，オイラーの意図を考えながら読む必要がある．特に注意しなければいけないことは無限小や無限大があたかも通常の数であるかのように使われている点である．これはライプニッツに始まりベルヌーイ兄弟を通してオイラーが学んだものである．ライプニッツは無限小，無限大の使用に対して複雑な思いをもっていたようであるが，オイラーは天真爛漫に使っている．例えば第7章「指数量と対数の級数表示」では $a>1$ に対して $a^0=1$ であるので ω を無限小（オイラーは無限小のことをここでは「どれほどでも小さくてしかも 0 とは異なる分数」と説明している）とすると

$$a^\omega = 1 + \psi$$

になり，ψ も無限小であるとする．無限小 ω と ψ の大小関係はよく分からないので $\psi = k\omega$ と置いてみると

$$a^\omega = 1 + k\omega \quad (1)$$

となり，a を対数の底にとれば

$$\omega = \log(1 + k\omega)$$

となる．また (1) の両辺を i 乗すると

$$a^{i\omega} = (1 + k\omega)^i$$

が成り立つ．そこで z をある有限の数として $i = z/\omega$ とおくと i は無限大数となる．そこでこの式の右辺を二項展開すると

$$a^z = \left(1 + \frac{kz}{i}\right)^i$$

$$= 1 + \frac{1}{1}kz + \frac{i-1}{1\cdot 2i}k^2z^2$$

$$+ \frac{(i-1)(i-2)}{1\cdot 2i \cdot 3i}k^3z^3 + \cdots \quad (2)$$

となる．ところが i は無限大であるので $(i-1)/i = 1, (i-2)/i = 1$ などが

成り立つので，この式は

$$a^z = 1 + \frac{kz}{1} + \frac{k^2z^2}{1\cdot 2} + \frac{k^3z^3}{1\cdot 2\cdot 3}$$
$$+ \frac{k^4z^4}{1\cdot 2\cdot 3\cdot 4} + \cdots \quad (3)$$

となることが分かる．オイラーはこのような論法で進んでいく．現代の読者はこのオイラーの論法を厳密な数学の推論に書き換える必要がある．本来であれば訳者の注がつくところであろうが，幸か不幸かこの訳書にはこうした部分に注がない．それは逆に読者にとっては絶好の勉強のチャンスである．

今日ではオイラーの無限小は $\lim_{\omega \to 0}$, 無限大は $\lim_{i \to \infty}$ と読み直す必要があり (1) は

$$\lim_{\omega \to 0} \frac{a^\omega - a^0}{\omega} = k$$

と読み替えることができる．するとこれは指数函数 a^z の原点での微係数に他ならないことが分かる．言い換えるとオイラーは指数函数 a^z が原点で微分可能であることを仮定してそこでの微係数が k であるとして議論を進めていることが分かる．(2) の最初の等式は

$$a^z = \lim_{i \to \infty}\left(1 + \frac{kz}{i}\right)^i$$

と読み替え，さらに i が正整数 n であれば通常の二項展開を使って (3) は

$$\lim_{n \to \infty}\left(1 + \frac{kz}{n}\right)^n = 1 + \frac{kz}{1} + \frac{k^2z^2}{2!}$$
$$+ \frac{k^3z^3}{3!} + \frac{k^4z^4}{4!} + \cdots$$

であることを示している．したがってこれらの等式を現代的観点からは証明する必要があることが分かる．i が正整数でないときは一般の二項展開を使う必要があるが，オイラーは第 4 章で分数の時に二項展開を"証明"している．それを使えばより一般の場合も証明することができる．

さらに三角函数に関しては

$$(\cos z \pm \sqrt{-1}\sin z)^n = \cos nz \pm \sqrt{-1}\sin nz$$

を使って

$$\cos nz = \frac{(\cos z + \sqrt{-1}\sin z)^n + (\cos z - \sqrt{-1}\sin z)^n}{2}$$

を出し，さらにこの式の右辺を二項展開することによって

$$\cos nz = (\cos z)^n - \frac{n(n-1)}{1\cdot 2}(\cos z)^{n-2}(\sin z)^2$$

$$+ \frac{n(n-1)(n-2)(n-3)}{1\cdot 2\cdot 3\cdot 4}(\cos z)^{n-4}(\sin z)^4$$

$$- \frac{n(n-1)(n-2)(n-3)(n-4)(n-5)}{1\cdot 2\cdot 3\cdot 4\cdot 5\cdot 6}(\cos z)^{n-6}(\sin z)^6$$

$$+ \cdots$$

を得る．ここでふたたびオイラーは大胆な議論を始める．z は無限小，n は無限大数で $nz=v$ は有限であるようにとる．すると $\sin z=z$, $\cos z=1$, $(n-1)z=v$, $(n-2)z=v$ などと考えることができるので

$$\cos v = 1 - \frac{v^2}{2!} + \frac{v^4}{4!} - \frac{v^6}{6!} + \cdots$$

と無限級数展開できるとする．これも

$$\cos v = \frac{\left(\cos\frac{v}{n}+\sqrt{-1}\sin\frac{v}{n}\right)^n + \left(\cos\frac{v}{n}-\sqrt{-1}\sin\frac{v}{n}\right)^n}{2} \quad (4)$$

と書き直して考えることによって少々面倒ではあるが厳密に証明することができる．同様に

$$\sin nz = \frac{(\cos z+\sqrt{-1}\sin z)^n - (\cos z-\sqrt{-1}\sin z)^n}{2\sqrt{-1}}$$

を使って正弦函数の無限級数展開

$$\sin v = v - \frac{v^3}{3!} + \frac{v^5}{5!} - \frac{v^7}{7!} + \cdots$$

を導いている．

ところでオイラーは上の議論をさらに進めて式（4）を使って i が無限大数の時

$$\cos v = \frac{\left(1+\frac{v\sqrt{-1}}{i}\right)^i + \left(1-\frac{v\sqrt{-1}}{i}\right)^i}{2}$$

が成り立つとし，さらに

$$\left(1+\frac{z}{i}\right)^i = e^z$$

であるので

$$\cos v = \frac{e^{v\sqrt{-1}} + e^{-v\sqrt{-1}}}{2}$$

が成り立つと結論する．同様に

$$\sin v = \frac{e^{v\sqrt{-1}} - e^{-v\sqrt{-1}}}{2\sqrt{-1}}$$

が成り立つとする．これらの公式も

$$\lim_{n\to\infty}\left(1+\frac{v\sqrt{-1}}{n}\right)^n = e^z$$

が複素数 z に対しても成り立つことを示せば証明できる．

このように，オイラーは今日の教科書に記されているのとは異なる奇想天外の方法でたくさんの公式を導いている．オイラーの議論を現代の厳密な議論に書き換える努力をしてみることは単に数学の力がつくだけでなく，オイラーの豊かな発想法を理解する上で一番役に立つ方法でもある．本訳書のすべてを厳密な議論に書き直すことは大変かもしれないが，自分の興味のある章を書き直してみることをお勧めする．

4 William Dunham 著
[解] 一樂重雄，實川敏明 訳
『微積分名作ギャラリー
ニュートンからルベーグまで』
日本評論社，2009 年

微積分の歴史をたどり，先人がいかに苦労して現在の微積分ができあがったかが分かる本．

5 Victor J. Katz 著
[数] 上野健爾，三浦伸夫 監訳
中根美知代，高橋秀裕，林知宏，大谷卓史，佐藤賢一，東慎一郎，中沢聡 訳
『カッツ　数学の歴史』
共立出版，2005 年

19 世紀以降の数学史の部分は物足りないが，それ以前の歴史は比較的詳しく記されており，現代数学のふるさとを知るには大変有益．

6 林栄治，齋藤憲
[数] 『天秤の魔術師アルキメデスの数学』
共立出版，2009 年

アルキメデスが静力学的な観点から数学の問題の答を発見し，それをどのように厳密に証明したかが
大変分かりやすく書かれている．

7 佐藤文広
[数] 『数学ビギナーズマニュアル
―これだけは知っておきたい』
日本評論社，1994 年

数学独特の言葉遣いについて詳しく解説したこの本は，数学を本格的に学ぼうとする人は一読しておく必要がある．

8 谷山豊 著
[数] 杉浦光夫，清水達雄，佐武一郎，山崎圭次郎 編
『谷山豊全集　増補版』
日本評論社，1994 年

数論で優れた業績をあげながら若くして自ら命を絶った谷山豊の著作を集めたもの．SSS（新数学人集団）の機関誌「数学の歩み」に掲載された日本語の記事から，時代背景は全く違うが多くのことを学ぶことができよう．

9 Emil Artin 著
[解] 上野健爾 訳
『ガンマ関数入門』
日本評論社，2002 年

E. アルチンの講義録や著作は大変明快であり分かりやすい．本書も通常は複素函数論で論じられることが多いガンマ函数を実函数の範囲で初等的に論じているが，極めて深い所まで述べられているのに驚かされる．

10 志賀浩二
[数] 『数の大航海―対数の誕生と広がり』
日本評論社，1999 年

ネピアによる対数の発見を見事に描いたこの本から，新しいことを発見する産みの苦しみと喜びを感じ取ることができれば，数学の勉強が一段と楽しいものになるであろう．

11 数学書房編集部 編
[数] 『この数学書がおもしろい』
数学書房，2006 年

本書の姉妹編と言ってもよい存在だ

が，もちろん本書よりはるか昔の出版である．個々の数学者の数学観の違いを見ることができて通読すると大変面白い．

12 数学書房編集部 編
[数] 『この定理が美しい』
数学書房，2009 年

「この数学書がおもしろい」の姉妹編．様々な定理に対する数学者の思い入れを知ることができる．

13 Michel Spivak 著
[解] 齋藤正彦 訳
『スピヴァック　多変数の解析学―古典理論への現代的アプローチ　新装版』
東京図書，2007 年

多変数の微積分を厳密に展開するのは難しい．微積分学以上の解析学的な考え方が必要となることがある．また多様体上での解析学の基礎は多変数の微積分である．多変数の微積分を多様体上の解析学として数学的に厳密に展開している本書は貴重な存在である．

14 森毅
[解] 『現代の古典解析　微積分基礎課程』
(ちくま学芸文庫)，筑摩書房，2006 年

古典的な解析学を微積分の基礎から複素函数論，フーリエ解析，偏微分方程式などの進んだ題材に関して基本的なつぼを押さえた解説に魅力がある．

15 杉浦光夫
[解] 『解析入門Ⅰ，Ⅱ』
東京大学出版会，1980／1985 年

微積分から始まって複素函数論やフーリエ解析の基本まですべてを網羅した教科書．通読するよりも辞書代わりに使った方が効果的であろう．

16 三輪哲二，神保道夫，伊達悦朗
[解] 『ソリトンの数理』
岩波書店，2007 年

ソリトン理論の基礎を少ない頁で見事に解説している．その分，自分でていねいに計算することが必要となるが，それさえ怠らなければ多くのことをこの本から学ぶことができよう．

17 荒川恒男，伊吹山知義，金子昌信
[代] 『ベルヌーイ数とゼータ関数』
牧野書店，2001 年

ベルヌーイ数は数論とトポロジーで欠くことができない数であり，ヤコブ・ベルヌーイと関孝和によってほとんど同時期に独立に発見された．この本はそのベルヌーイ数の数論への応用を詳しく述べている．

18 Henri Cartan 著
[解] 高橋禮司 訳
『複素函数論』
岩波書店，1965 年

著者の H. カルタンは岡潔とともに多変数解析関数論の進展に大きく寄与したフランスの数学者である．複素函数論は複素微分可能性（正則性という）を基礎にして理論を展開する方法と各点でテイラー展開できる

（解析性という）を基礎にして理論を展開する方法がある．正則性をもとにした教科書が多いが，本書は解析性をもとに複素函数論を展開した名著である．

19 岩佐美代子
他 『光厳院御集全釈』
風間書房，2000年

光厳院は南北朝時代の北朝の天皇であったが，歴史上は天皇であったことが抹殺されてしまっている．たくさんの短歌を残しているが，その感覚は極めて現代人に近く，名前を伏せて短歌を読むと現代人と間違えそうである．光厳院は南北朝の政治的な混乱で人々が疲弊していることに強く責任を感じて自らにも厳しい生活を強いて生涯を終えた．現代の政治家に爪のあかを煎じて飲ませたいと思いたくなる．

20 上野榮子 訳
他 『源氏物語—口語訳』
日本経済新聞出版社，2008年

私の母が全訳した源氏物語である．原文に忠実に訳してあり，本書を読んだ多くの人が大変読みやすいと評している．高価なのが欠点であるが，図書館で探して一読して欲しい．

21 中村哲，澤地久枝 聞きとり
他 『人は愛するに足り，真心は信ずるに足る——アフガンとの約束』
岩波書店，2010年

戦乱のアフガニスタンで本当に必要なものは何か．現地の人たちと灌漑用の運河掘りを行っている医師中村哲氏と作家澤地久枝氏の対談集．マスコミが伝えない本当のアフガニスタンの現実が記されている．多くの数学者は眼をつぶり口をぬぐって発言しないが，現代数学ほど人殺しに役立っている学問はない．人間の愚かさと崇高さを教えてくれる本である．

22 池内紀
他 『ことばの哲学　関口存男のこと』
青土社，2010年

法政大学でドイツ語の教鞭を執り，ドイツ語学習のための優れた教科書を記した関口存男は『冠詞』と題する三冊の大著を世に残したドイツ語学者でもあった．その知られざる一生を記した本である．学問とは何であるか，大学とは何であるかを考えさせられる本でもある．

23 M. C. Escher, Keiko Kodaka
他 『エッシャー　グラフィックワーク』
（ニューベーシック・アート・シリーズ），タッシェン・ジャパン，2004年

エッシャーの画集．対称性を持った絵，だまし絵，非ユークリッド幾何学に基づいた絵などエッシャーの代表作が集められていて数学的にも大変面白い．

	著者，翻訳者	書名，シリーズ名	出版社	刊行年	分野
1	Victor J. Katz 上野健爾，三浦伸夫 監訳 中根美知代 ほか訳	カッツ　数学の歴史	共立出版	2005	数
2	Mark Kac 髙橋陽一郎 監修・訳 中嶋眞澄 訳	Kac 統計的独立性	数学書房	2011	解
3	Elias M. Stein, Rami Shakarchi 新井仁之 ほか訳	フーリエ解析入門 （プリンストン解析学講義Ｉ）	日本評論社	2007	解
4	河野俊丈	曲面の幾何構造とモジュライ	日本評論社	1997	幾
5	Henri Cartan 高橋禮司	複素函数論	岩波書店	1965	解
6	荒川恒男，伊吹山知義，金子昌信	ベルヌーイ数とゼータ関数	牧野書店	2001	代
7	David Cox ほか 落合啓之 ほか	グレブナ基底と代数多様体入門　上・下	丸善出版	2012	代
8	古田幹雄	指数定理	岩波書店	2008	幾
9	森脇淳	アラケロフ幾何学 （岩波数学叢書）	岩波書店	2008	代
10	新井敏康	数学基礎論	岩波書店	2011	数
11	三輪哲二，神保道夫，伊達悦朗	ソリトンの数理	岩波書店	2007	解
12	生西明夫，中神祥臣	作用素環入門　上・下	岩波書店	2007	代
13	遠山啓	数学入門　上・下 （岩波新書）	岩波書店	1959 1960	数
14	小平邦彦	幾何への誘い （岩波現代文庫）	岩波書店	2009	幾
15	青本和彦 ほか編集	岩波　数学入門辞典	岩波書店	2005	数
16	Steven R. Finch 一松信 監訳	数学定数事典	朝倉書店	2010	数
17	松本耕二	リーマンのゼータ関数	朝倉書店	2005	解
18	Bernhard Riemann 足立恒雄，杉浦光夫，長岡亮介 編訳 高瀬正仁 ほか訳	リーマン論文集	朝倉書店	2004	数
19	小川束，平野葉一	数学の歴史　和算と西欧数学の発展	朝倉書店	2003	数
20	谷島賢二	ルベーグ積分と関数解析	朝倉書店	2002	解
21	小島定吉	3 次元の幾何学	朝倉書店	2002	幾
22	松沢淳一	特異点とルート系	朝倉書店	2002	幾

	著者，翻訳者	書名，シリーズ名	出版社	刊行年	分野
23	Jean-Paul Delahaye 畑政義	π　魅惑の数	朝倉書店	2001	数
24	Michael Atiyah 志賀浩二	数学とは何か―アティヤ科学・数学論集	朝倉書店	2010	数
25	小林正典	線形代数と正多面体	朝倉書店	2012	代
26	新井仁之	新・フーリエ解析と関数解析学	培風館	2010	解
27	樋口禎一，吉永悦男，渡辺公夫	多変数複素解析入門	森北出版	2003	解
28	石川剛郎，島田伊知朗，福井敏純，徳永浩雄	代数曲線と特異点 （特異点の数理 4)	共立出版	2001	幾
29	中根美知代	$\varepsilon-\delta$ 論法とその形成	共立出版	2010	解
30	ヴィノグラードフ 三瓶与右衛門，山中健	復刊　整数論入門	共立出版	2010	代
31	遠山啓	復刊　行列論	共立出版	2010	代
32	林栄治，斎藤憲	天秤の魔術師アルキメデスの数学	共立出版	2009	数
33	Julian Havil 新妻弘	オイラーの定数ガンマ	共立出版	2009	数
34	室田一雄	離散凸解析の「考え方」	共立出版	2007	解
35	Enrico Giusti 斎藤憲	数はどこから来たのか	共立出版	1999	数
36	吉田朋好	ディラック作用素の指数定理 （共立講座 21 世紀の数学）	共立出版	1998	幾
37	齋藤秀司	整数論 （共立講座 21 世紀の数学）	共立出版	1999	代
38	佐藤賢一	近世日本数学史　関孝和の実像を求めて	東京大学出版会	2005	数
39	梅村浩	楕円関数論　楕円曲線の解析学	東京大学出版会	2000	解
40	杉浦光夫	解析入門　I，II	東京大学出版会	1980 1985	解
41	Euclid 斎藤憲，三浦伸夫	エウクレイデス全集　第一巻	東京大学出版会	2008	幾
42	佐竹一郎	線型代数学　増補改題版 （数学選書 1)	裳華房	1974	代
43	髙橋陽一郎 編	伊藤清の数学	日本評論社	2011	数
44	William Dunham 一樂重雄，實川敏明	微積分名作ギャラリー　ニュートンからルベーグまで	日本評論社	2009	解

	著者, 翻訳者	書名, シリーズ名	出版社	刊行年	分野
45	Sheldon Katz 清水勇二	数え上げ幾何と弦理論	日本評論社	2011	他
46	谷山豊 杉浦光夫 ほか編	谷山豊全集　増補版	日本評論社	1994	数
47	David A. Cox 梶原健	ガロワ理論　上・下	日本評論社	2008 2010	代
48	松原望	ベルヌーイ家の人々	技術評論社	2011	数
49	佐藤文広	数学ビギナーズマニュアル—これだけは知っておきたい	日本評論社	1994	数
50	Emil Artin 上野健爾	ガンマ関数入門	日本評論社	2002	解
51	志賀浩二	数の大航海　対数の誕生と広がり	日本評論社	1999	数
52	志賀浩二	無限からの光芒	日本評論社	1988	数
53	数学書房編集部 編	この数学書がおもしろい	数学書房	2006	数
54	数学書房編集部 編	この定理が美しい	数学書房	2009	数
55	中村郁	線形代数学	数学書房	2007	代
56	George E. Andrews, Kimmo Eriksson 佐藤文広	整数の分割	数学書房	2006	数
57	Michael Spivak 齋藤正彦	スピヴァック　多変数の解析学—古典理論への現代的アプローチ　新装版	東京図書	2007	解
58	新井紀子	数学は言葉 (math stories)	東京図書	2008	数
59	新井紀子, 新井敏康	計算とは何か (math stories)	東京図書	2008	数
60	髙橋陽一郎	変化をとらえる (math stories)	東京図書	2008	数
61	Harold Scott MacDonald Coxeter 銀林浩	幾何学入門　上・下 (ちくま学芸文庫)	筑摩書房	2009	幾
62	森毅	現代の古典解析　微積分基礎課程 (ちくま学芸文庫)	筑摩書房	2006	解
63	Emil Artin 寺田文行	ガロア理論入門 (ちくま学芸文庫)	筑摩書房	2010	代
64	Bengt Ulin 丹羽敏雄, 森章吾	シュタイナー学校の数学読本 (ちくま学芸文庫)	筑摩書房	2011	数

	著者，翻訳者	書名，シリーズ名	出版社	刊行年	分野
65	Petr Beckmann 田尾陽一，清水韶光	πの歴史 （ちくま学芸文庫）	筑摩書房	2006	数
66	David Hilbert 中村幸四郎	幾何学基礎論 （ちくま学芸文庫）	筑摩書房	2005	幾
67	近藤洋逸	新幾何学思想史 （ちくま学芸文庫）	筑摩書房	2008	幾
68	Jonathan Borwein, Keith Devlin 伊地知宏	数学を生み出す魔法のるつぼ	O'Reilly Japan	2009	数
69	B. L. van der Waerden 銀林浩	現代代数学（全3巻）	東京図書	1959	代
70	A. Hurwitz, R. Courant 足立恒雄，小松啓一	楕円関数論 復刻版 （シュプリンガー数学クラシックス）	丸善出版	2007	解
71	長野正	曲面の数学	培風館	2000	幾
72	小林昭七	ユークリッド幾何から現代幾何へ	日本評論社	1990	幾
73	小平邦彦	複素多様体論	岩波書店	1992	幾
74	岩澤健吉	代数函数論 増補版	岩波書店	1973	代
75	Leonhardo Euler 高瀬正仁	オイラーの無限解析	海鳴社	2001	解
76	上野健爾	数学フィールドワーク	日本評論社	2008	数
77	上野健爾	円周率πをめぐって	日本評論社	1993	数
78	上野健爾	複素数の世界	日本評論社	1999	解
79	上野健爾	代数幾何入門	日本評論社	1995	代
80	上野健爾	代数入門	岩波書店	2004	代
81	上野健爾	測る （math stories）	東京図書	2008	数
82	上野健爾	数学の視点 （math stories）	東京図書	2009	数
83	上野健爾	数学者的思考トレーニング 代数編	岩波書店	2010	代
84	上野健爾	数学者的思考トレーニング 解析編	岩波書店	2012	解
85	岩佐美代子	光厳院御集全釈	風間書房	2000	他

	著者，翻訳者	書名，シリーズ名	出版社	刊行年	分野
86	上野榮子	源氏物語　口語訳	日本経済新聞出版社	2008	他
87	中村哲，澤地久枝 聞きとり	人は愛するに足り，真心は信ずるに足る——アフガンとの約束	岩波書店	2010	他
88	池内紀	ことばの哲学　関口存男のこと	青土社	2010	他
89	M. C. Escher, Keiko Kodaka	エッシャー　グラフィックワーク（ニューベーシック・アート・シリーズ）	タッシェン・ジャパン	2004	他
90	Alfred W. Crosby 小沢千重子	数量化革命	紀伊國屋書店	2003	他
91	Mario Livio 千葉敏生	神は数学者か？	早川書房	2011	他
92	C. L. Siegel	Topics in Complex Function Theory Vol. 1, 2, 3	John Wiley & Sons	1969	解

05

ADACHI Norio

足立恒雄
早稲田大学名誉教授

数学に限定せず，多様な視点から選んでみた．
人生を豊かにするには読書にとどめをさす．

数 幾 解 **代** 他

1
『初等整数論講義』

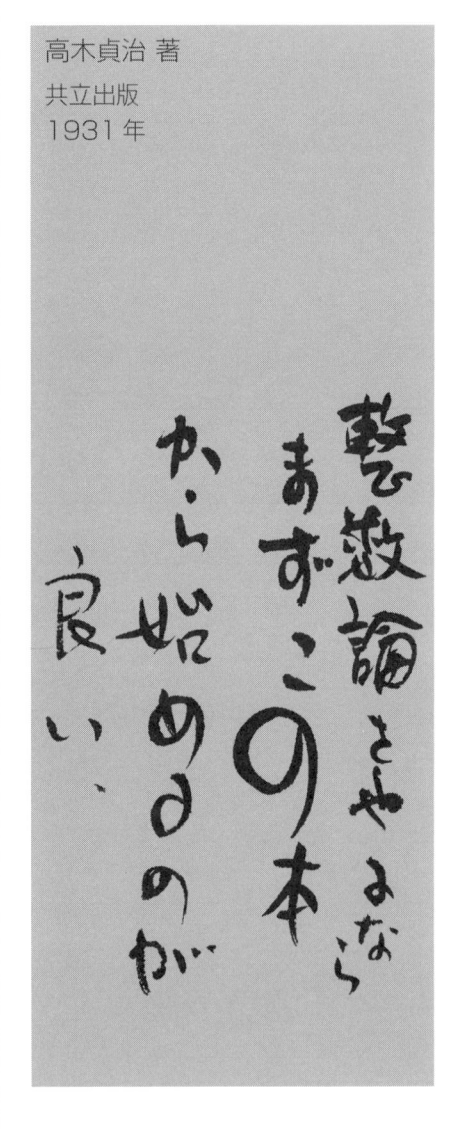

高木貞治 著
共立出版
1931 年

> 整数論をやるなら
> まずこの本
> から始めるのが
> 良い．

　の本は同じ著者によって書かれた『代数学講義』（1930 年）の姉妹編である．『代数学講義』の方は代数学の革新（抽象化・公理化）を象徴する van der Waerden（ファン・デル・ヴェルデン）の『現代代数学』（1937 年）と並べるとき，いかにも古色蒼然とした印象があるのに対して，『初等整数論講義』の方は，今でも代数的整数論を志す者の必携書としての地位は揺るがないものがある．

初等整数論というと合同式だけで済ませられる範囲の事柄を扱い，平方剰余の相互法則の証明を最高峰として目指すものというのが常識であろう．しかしこの本では，これらは第 1 章に収められていて，第 2 章以降は代数的整数論の立場から言えば，2 次体の整数論として位置づけられる理論が詳述されている．ここで，2 次体というのは有理数体を $\mathbb{Q}$ とし，m を平方数ではない整数とするとき

$$x+y\sqrt{m}, \quad x, y \in \mathbb{Q}$$

という形の数のなす体のことで，これを$\mathbb{Q}(\sqrt{m})$と書くことになっている．

2次体というのは代数的整数論の精華である類体論の中ではごく小さな領域を占めているのだが，類体論のひな型として，そして手で実際に触れるように扱うことのできる対象として，その占めている地位はとても重要である．つまり，代数的整数論に本格的に取り組む前に，2次体論で足慣らしをしておくのが王道であるという意味があるのだが，一方では未解決の問題がいくつも存在するという意味でも重要である．

ここまで丁寧に，徹底的に2次体の整数論，および2次の不定方程式論が書かれた本は世界にもめずらしいのではなかろうか．しかし，手に取るたびに思うのだが，どうして2次体のイデアル類群と2次形式類群の同型対応が扱われていないのだろうか．2次形式類群は整数論におけるガウスの主要業績であるのだが，これがイデアル論で書き換えられていて，早く言うと2次形式論は無視されてしまったかの感がある．「ガウスは無理数を忌避して2次形式を専用しているけれども，それは一種の韜晦であって，頭の中では無理数によって構成した理論を発表するのに2次形式を借りたかの感がある」（p. 239）という感想は高木先生の思い込みのような気がする．

ここまで徹底的に2次体のイデアル論を述べたからには，イデアル類群の構造を2次形式で言い換えるとどうなるのかを書いてほしかったという気がするのである．このイデアル重視，不定方程式軽視は，その後の日本の整数論の動向に一種の歪みを齎したような気がしないでもない．

なお，イデアル論から2次形式類群を見る話は河田敬義『数論——古典数論から類体論へ』（岩波書店，1992年）で紹介されている．

数 裁 解 **代** 他

2
『整数論』上・下

Zenon Ivanovich Borevich,
Igor' Rostislavovich Shafarevich 著
佐々木義雄 訳
吉岡書店
1971年，原著1964年刊行

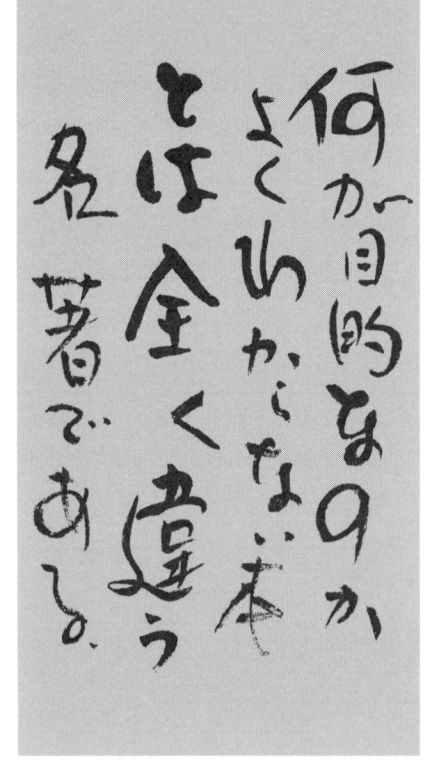

何が目的なのかよくわからない本とは全く違う名著である．

　代数体ではイデアル論と因子論は等価である．クンマーが創造した理想数論は現今の言葉で言えば因子論である．複雑であいまいだった理想数をデデキントがイデアルという概念を導入して明晰かつ簡潔にしたというのは俗説である．

デデキント，ヒルベルト，高木，アルチンなどの主流的系統ではイデアル論が使われたため，代数的整数論をイデアルで展開するのが常識化されたが，同じことを因子を使ってやることは当然可能である．

この本は因子論で押し通しためずらしい本である．クンマーからクロネッカー，ヘンゼルと受け継がれたp進数論を発展させたのはハッセの功績である．ながらくイデアル論が優勢だったが，イデールという，要するにp進数をズラッと並べ立てたものがシュヴァレーによって発明されたおかげで，歴史の審判は因子論の

方にふれたのだというのが，傍流を歩んだハッセの感慨である．ハッセがこの本をどう評価したか，一度聞いてみたかった．

因子論はまずp進数論を展開することから始まるので，当然この本でもp進数が最初に導入される．そして，2次形式における「ハッセの原理」，すなわちn変数の有理2次形式Qが有理零点を持つ条件は，すべての素数pに対してQがp進零点を持つことである．記号で書けば，

$$\exists x \in \mathbb{Q}^n ; Q(x) = 0 \iff$$
$$\forall p \quad \exists x \in \mathbb{Q}_p^n ; Q(x) = 0$$

という美しい定理が証明される（ここにpはすべての素数をわたる）．

目標のはっきりしない，あるいはストーリー性がないと言っても同じことだが，日本の教科書とは異なり，不定方程式という一貫した観点からトピックスが選ばれていて，今読んでも魅力に溢れている．フェルマー問題を代数的整数論の立場からきちんと扱った本はこの本だけではなかろうか．ワイルズによってフェルマー問題が解決された現在，代数的整数論の立場からこの問題が論じられることはなくなるだろうから，そういう意味でも貴重で，永遠に古典として残るのではなかろうか．

訳書は問題に解答が付されていてありがたい．

数 幾 解 代 他

3
『現代代数学』(全3巻)

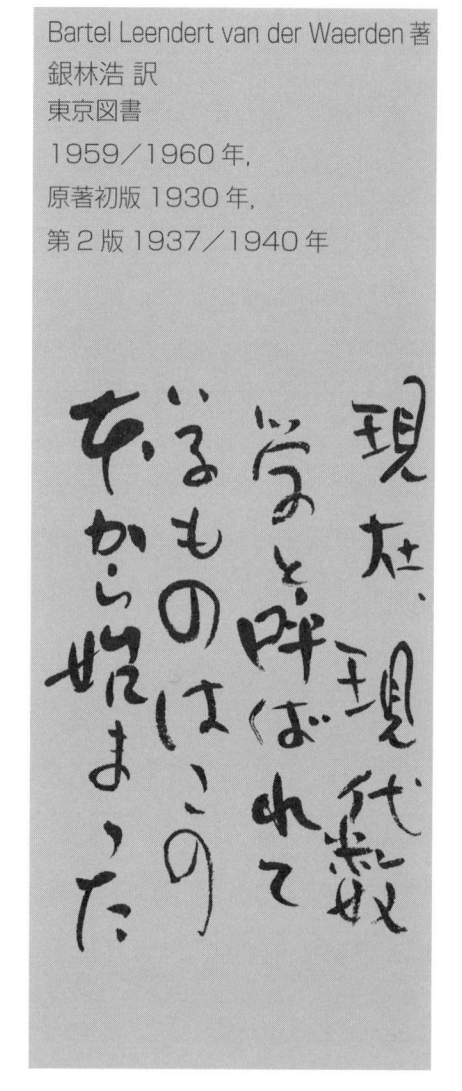

Bartel Leendert van der Waerden 著
銀林浩 訳
東京図書
1959/1960 年,
原著初版 1930 年,
第 2 版 1937/1940 年

> 現在、現代数学と呼ばれているものはこから始まった

いくら古くなったと言っても，歴史的名著という地位は揺るがない．Amalie Emmy Naether（エミー・ネーター）が抽象化の最初の火の手を上げたのは 1926 年の論文『イデアル論の抽象的構築』でだった．代数体に固有の物であったイデアルを抽象的に定義し，あらゆる分野に応用できる汎用性を備えさせたのであった．あるいは 1920 年の『環のイデアル論』をその前兆と捉えることができる．この論文において代数曲線論にイデアルの概念を応用したのであった．現今の代数幾何学はここから始まったと言えるだろう．

ファン・デル・ヴェルデンはオランダから来た秀才で，エミー・ネーターを取り巻くクラブ「ネーター・ボーイズ」に加わった（ネーターは生涯独身で過ごした）．この「クラブ」には兄貴分としてアルチンも加わっていた．彼らの勉強の成果が本書と

して結実したのであった.
園正造さんや正田健次郎さんのように,このクラブに所属していた人ならともかく,一般的な世界の数学者は本書によって「現代代数学」というものを知ったのである.もっとも,邦訳はどういうわけか第2版によっていて,この第2版は直観主義者の甘言に乗ったヴェルデンが選択公理を使わないことを公言していることでよく知られている.第3版以降は,反直観主義者の説得を受けて,ふたたび選択公理を採用していて,現在(第6版)に至っている.しかし,第2版には「次々選んでいく」式の記述があちこちに見られて,正確には選択公理が必要なのだということに,当時は一般の数学者は気が付いていなかった証拠として残されている.

現代代数学の基礎事項を網羅した,さらに進んだ本としては
Jacobson, N., Basic Algebra I, II (W. H. Freeman, 1985)
を挙げておきたい.
ガロア理論に限って言えば,

Emil Artin 著／寺田文行訳『ガロア理論入門』,東京図書,原著1959年(現在は,ちくま学芸文庫として刊行されている.).

が名著として知られている.ヴェルデンの本に比べると線形代数学的基礎付けが顕著になっていると言えるだろう.邦訳には問題の解答が付されていて便利である.

4 Robert Kurson 著
池村千秋 訳
『46年目の光―視力を取り戻した男の奇跡の人生』
NTT出版，2009年，原著2007年刊行

本書は3歳で失明してから46年を経て視力を取り戻した人のドキュメンタリーである．
この人にはいわゆる図形の錯視は起きないし，モノが立体的に見えることもない．知らないものは見えないからスーパーの棚は色がにじんで見えて品物の見分けがつかない．いくら訓練を積んでも男女の区別は難しいばかりか，二人の息子の見分けができない．要するに人は，ニューロン網の構築によって，人間が見たいように見るように造られているのである．認識とは何かを考えさせる優れた本である．
長年を経て目が見えるようになった人が過去にいなかったわけではないが，大抵は自殺してしまったという事実は，「健常」者にはちょっと想像がつかないだろう．白壁の割れ目をいつまでも眺めていることになり，美しい女房の顔には思いもしなかった「アバタ」があるという現実が突如見えてくるのである．

5 Ilya Prigogine, Isabelle Stengers 著
伏見康治，伏見譲，松枝秀明 訳
『混沌からの秩序』
みすず書房，1987年，原著1984年刊行

コスモスというのは「宇宙」を意味するギリシア由来の言葉である（ラテン由来の言葉はユニバース）が，ガスリー『ギリシアの哲学者たち』によると，これはピュタゴラス派の造語だそうで，調和と秩序と美を意味する翻訳不能の言葉だということである．その反対語がカオスである．カオスこそがすべての根源であるという思想もギリシアになかったわけではないが，プラトンやアリストテレスに代表される主流派に抹殺されてしまった．
中世以降のヨーロッパでは，有限的ではあるが，動的な秩序こそが真の宇宙の姿であるという思想が主流となってアインシュタインまでやってきた．しかし，混沌こそがすべての現象のキーワードなのではないか，というのが本書の主張である．21世紀の世界観を準備しているように思うのだが，どうだろうか？

6 Aristotelēs
『形而上学』

歴史の教科書ではガリレオの引き立て役みたいな形でしか出て来ないが，アリストテレスは史上最大の学

者である．そのアリストテレスの主著がこの本である．アリストテレスの公理についての考察を読むと，公理が自明な命題という意味ではないことがよくわかる．またエウクレイデスの『原論』がアリストテレスの影響下に書かれていることもわかる．西洋の学問を語るとき，キリスト教の影響を論じる向きが多いが，実際には絶対とか無限といった概念はギリシア由来である．また徹底的に議論するのもギリシアからの伝統である．ギリシア文明と無縁だった12世紀までのキリスト教国は，文字通り「暗黒の中世」だった．キリスト教の影響を論ずる前に，ギリシアの影響を論じるべきであろう．

7 他
Galileo Galilei 著
山田慶児，谷泰 訳
『星界の報告　他一篇』
(岩波文庫)，岩波書店，1976年

ガリレオは，わかり易くたとえて言えば，ニュートンとアインシュタインを併せたほどの名声を博していた．数学者としての才能の観点からはケプラーの方が上だが，何と言っても大向こう受けする弁舌の才能に恵まれていたのである．その才能はこの本で十分にうかがうことができる．純潔の天体と呼ばれた太陽は望遠鏡で見るとなにやらそばかす（黒点）だらけなのである．衛星を持つのは地球だけだとされていたのに木星にはいくつか衛星が観測できるのである．あまつさえ金星には満ち欠けがある！　天上界と地上界とに截然と分離されているとされていたのに，実は天上界も地上界も似たような世界なのではないか？

8 他
Jules-Henri Poincaré 著
吉田洋一 訳
『科学の価値』
(岩波文庫)，岩波書店，1977年，原著1905年刊行

科学の価値は，応用技術の豊かさにあるのではなく，合理精神というものが，科学によって裏打ちされるところにある．ポアンカレは本書において，そうした科学の価値を，天文学以来人類が理性への信頼を増していく歴史として著している．また特殊相対性理論（1905年）がポアンカレによってほとんど同時に構想されていたことを立証する貴重な文献でもある．

9 代
Julius Wilhelm Richard Dedekind 著
河野伊三郎 訳
『数について　連続性と数の本質』
(岩波文庫)，岩波書店，1961年

この本にはデデキントの『連続と無理数』，『数とは何か，何であるべきか』が収められている．
デデキントは自然数を把握するのに，まず自然数の全体の成す集合を特徴付けた．これは，公理的に，言い換えれば間接的に，自然数を規定

するペアノの方法と「次の数」という概念の遺伝性を論理的に把握することによって自然数を把握するフレーゲの方法とともに，現代における自然数論を代表する立場である．集合論はこの本とともに始まったことを強調しておきたい（デデキントの集合研究はカントルとは同時期だが，独立である）．基礎論の人が書くとカントルの業績を優先したがる傾向が強いが，濃度や順序数の概念よりは，数学的構造を集合として捉えるデデキントの業績の方が現代数学にとっては大きいのではなかろうか．

併せて拙著『フレーゲ・デデキント・ペアノを読む』（日本評論社，2013年）を挙げておく．

10 他
Henri Troyat 著
工藤庸子 訳
『イヴァン雷帝』
中央公論社，1983年

人民の虐殺は日常茶飯事．数十名の人民の串刺しが窓の外に並んでいないと食事をする気にもならないという恐ろしい皇帝（ツァーリ）．おもしろいのは，人民が喜々としてこの虐政を受け入れていることである．世界観・人生観というのは民族により，時代により，まったく異なるという一つの例である．たとえば，インカに文字があったらどのような死生観が書かれたか，とても興味がある．

トロワイアは『大帝ピョートル』，『女帝エカテリーナ』，『アレクサンドル一世』も書いているが，時代が下るにつれて，ツァーリの権威は下がり，小粒になっていき，読んでもつまらなくなっていく．

11 他
石橋湛山
『湛山回想』
（岩波文庫），岩波書店，1985年

湛山は日本が生んだ偉大な哲人政治家である．湛山の前に思想家と言えるほどの政治家はいなかった．そして湛山以降，比べるのも愚かなほどのザコしかいないことは誰もが知っている通りである．戦前どころか敗戦後ですら，国土の狭隘，人口の過剰，資源の貧困が原因で，日本は立ち行かなくなると皆が信じていたのに対し「日本は海外領土を放棄すべきである．海外領土を維持しようとすると膨大な出費を必要として，割に合わない．海外との交易によって日本は経済的に大発展することができる」とそれこそ口を酸っぱくして説いた湛山の言葉の正しさが現代において立証された．この本に次いで『石橋湛山評論集』（岩波文庫）を読めば，湛山については一応理解したと言えるだろう．

12 他
Arthur Koestler 著
小尾信彌，木村博 訳
『ヨハネス・ケプラー　近代宇宙観の夜明け』
（ちくま学芸文庫），筑摩書房，2008年

「自分も動いていながら，動いてい

る対象の軌道を決定するのがどんなに難しいかを想像してほしい．そうしたらケプラーの偉大さがわかるだろう」と言ったのはアインシュタインだっただろう．五種類の正多面体と六つの惑星軌道の関係を決定するという数十年来の偏執的念願とはまったく異なった結果を得たのである．発見は帰納的に行われるというが，そうではない発見もあるということである．証明には直観が先行するとも言うが，これにも当てはまらない．カントルが線分上の点と正方形内の点の1対1対応を証明したときの驚愕とともに，（先行結果の拡張ではない）真の発見の不可思議さを物語っている．

13 Edward Grant 著
横山雅彦 訳
『中世の自然学』
みすず書房，1982年，原著1971年刊行

ヨーロッパ中世の科学史を勉強しようという人はまずこの本から始めねばならない．

ピエール・デュエムは，レオナルド・ダ・ヴィンチに影響を与えた中世の先行研究を通じて，中世がいかに多くの点で近代科学を先取りしていたかを発見し，科学史の世界に衝撃を与えた．しかし，自説を強調するあまり，「これまで天才の世紀とされてきた17世紀は実は剽窃の世紀にすぎなかった」とまで極論した．

現在では，中世の果たした役割の客観的な見直しが進んで，バランスを取り戻したと言える．この本はそうした現在の研究の成果を要約したものと言えるだろう．

14 竹内外史
『数学的世界観　現代数学の思想と展望』
紀伊國屋書店，1982年

この本で竹内さんは実在論を「集合というものは数学的直観によって知覚される実在である」と規定し，「数学的直観の対象が客観的に存在するか（すなわち，実在するか）という問題は外界の客観的存在の問題そのままのコピーである」というゲーデルの言葉を紹介している．しかしこれには「われわれの集合についての直観というものが，感覚のように直接与えられるものではなくて，それについて考え研究することによって初めて与えられる類の直観である」という説明が加えられていて，竹内さんが「数学的真理は，真・善・美のイデアのように，人類の存在とは無関係に存在する」と主張する，単純な「プラトニスト」ではないことを知ってホッとする．竹内さんともあろう人がそんな幼稚な人であるわけはないね．「プラトニスト」なんてくだらない用語は数学の世界から出て行ってもらいたいものだ．

15 Giordano Bruno 著
清水純一 訳
『無限，宇宙および諸世界について』
(岩波文庫)，岩波書店，1982 年

論理的に可能なことはすべて現実に実現されなければ神の全能性が否定されることになる，というのはキリスト教神学では異端ではなかった．だから宇宙は無数にあるはずだし，一つひとつの宇宙にも無数の星がなければならないし，それぞれが無限の空間でなければならない．そしてどこかが宇宙の中心ということはなく，すべての地点が中心である．とまあ，こんな荒唐無稽にして破天荒な詩的空想を述べた本である．

「きわめて古い神秘思想に基礎を置いた宇宙論だということが最近明らかにされた」と聞いたが，これもそんなに驚くほどの新見解でもない．古代の神秘思想をベースにコペルニクス的宇宙論という最新知識をあしらって妄想・空想を膨らませたのである．法王庁の公式見解に真っ向から挑戦したということまで（最新の研究とやらに）否定されたわけではなかろう．

ヘルマン・ワイルは，『数学と自然科学の哲学』（岩波書店）において，ブルーノの「それぞれに無数の世界を内蔵する無数の宇宙」という破天荒な思想は，「神の子による贖いの至高な行為とされる磔刑と復活はもはや世界史の一回限りの枢要点ではなく，星から星へと繰り返されるドサ回りのあわただしい興行である」ことを暗示しており，「この冒瀆は地球を宇宙の中心から追いのけるという宗教的に危険な面を鮮明に示している」がために異端とされたのだと論じている．ブルーノ裁判の歴史的意義を正面から見据えた，この見解が正鵠を射ている，と私は思う．

16 足立恒雄
『数学から社会へ＋社会から数学へ　数学者の目で世相を観る』
東京図書，2013 年

私が書いた初めての随筆集．第 3 章「書架から─一周回遅れの読書」は「ブックガイド」である．数学史からはアルキメデスの『方法』が再発見された物語，プリンプトン 322 の解読，シュペングラー『西洋の没落』などを扱ったが，宮崎滔天，斎藤隆夫，白川静等々の著書，アメリカにおける宗教事情，また江戸時代や中国の古典紹介など多岐にわたる話題を紹介している．これらをヒントに，色んな本に触れて心豊かな生活を送ってほしい．

	著者，訳者	書名，シリーズ名	出版社	刊行年	分野
1	高木貞治	代数的整数論 第2版	岩波書店	1971	代
2	高木貞治	定本 解析概論	岩波書店	2010	解
3	高木貞治	初等整数論講義 第2版	共立出版	1971	代
4	高木貞治	数の概念	岩波書店	1949	代
5	岩澤健吉	代数函数論 増補版	岩波書店	1973	代
6	L. S. Pontryagin 柴岡泰光，杉浦光夫，宮崎功	連続群論 上・下	岩波書店	1957	代
7	B. L. van der Waerden 銀林浩	現代代数学（全3巻）	東京図書	1959	代
8	Z. I. Borevich, I. R. Shafarevich 佐々木義雄	整数論 上・下 POD版	吉岡書店	2004	代
9	彌永昌吉，布川正巳 編	代数学 （現代数学演習叢書1）	岩波書店	1968	代
10	彌永昌吉，小平邦彦	現代数学概説I （現代数学1）	岩波書店	1961	数
11	前原昭二	記号論理入門 （日評数学選書）	日本評論社	1961	数
12	島内剛一	数学の基礎 （日評数学選書）	日本評論社	1971	数
13	竹内外史	新装版 集合とはなにか はじめて学ぶ人のために （講談社ブルーバックス）	講談社	2001	数
14	P. R. Halmos 富川滋	素朴集合論	ミネルヴァ書房	1975	数
15	田中一之 編	ゲーデルと20世紀の論理学① ゲーデルの20世紀	東京大学出版会	2006	数
16	田中一之 編	ゲーデルと20世紀の論理学② 完全性定理とモデル理論	東京大学出版会	2006	数
17	田中一之 編	ゲーデルと20世紀の論理学③ 不完全性定理と算術の体系	東京大学出版会	2007	数
18	田中一之 編	ゲーデルと20世紀の論理学④ 集合論とプラトニズム	東京大学出版会	2007	数
19	Euclid 中村幸四郎，寺阪英孝，伊東俊太郎，池田美恵 訳・解説	ユークリッド原論 追補版	共立出版	2011	幾
20	René Descartes 青木靖三，赤木昭三，小池健男，原亨吉，水野和久，三宅徳嘉	デカルト著作集〈1〉	白水社	2001	他

	著者, 訳者	書名, シリーズ名	出版社	刊行年	分野
21	Carolus Fridericus Gauss 高瀬正仁	ガウス　整数論 (数学史叢書)	朝倉書店	1995	代
22	Julius Wilhelm Richard Dedekind 河野伊三郎	数について―連続性と数の本質 (岩波文庫)	岩波書店	1961	代
23	Friedrich Ludwig Gottlob Frege 藤村竜雄 編集	フレーゲ著作集〈1〉	勁草書房	1999	他
24	Friedrich Ludwig Gottlob Frege 野本和幸, 土屋俊 編集	フレーゲ著作集〈2〉	勁草書房	2001	他
25	Friedrich Ludwig Gottlob Frege 野本和幸 編集	フレーゲ著作集〈3〉	勁草書房	2000	他
26	Friedrich Ludwig Gottlob Frege 黒田亘, 野本和幸 編集	フレーゲ著作集〈4〉	勁草書房	1999	他
27	Friedrich Ludwig Gottlob Frege 野本和幸, 飯田隆 編集	フレーゲ著作集〈5〉	勁草書房	2001	他
28	Friedrich Ludwig Gottlob Frege 野本和幸 編集	フレーゲ著作集〈6〉	勁草書房	2002	他
29	Giuseppe Peano 小野勝次, 梅沢敏郎	数の概念について (現代数学の系譜)	共立出版	1969	代
30	Florian Cajori 小倉金之助	復刻版　初等数学史	共立出版	1997	数
31	Victor J. Katz 上野健爾, 三浦伸夫 監訳 中根美知代, 高橋秀裕, 林知宏, 大谷卓史, 佐藤賢一, 東慎一郎, 中沢聡 訳	カッツ　数学の歴史	共立出版	2005	数
32	Jean Alexandre Eugène Dieudonné 編 上野健爾, 金子晃, 浪川幸彦, 森田康夫, 山下純一 訳	数学史　1700―1900 (全3冊)	岩波書店	1985	数
33	Nicolas Bourbaki 村田全, 杉浦光夫, 清水達雄	ブルバキ　数学史　上・下 (ちくま学芸文庫)	筑摩書房	2006	数
34	Otto E. Neugebauer 矢野道雄, 斎藤潔	古代の精密科学 (科学史選書)	恒星社厚生閣	1984	数

	著者，訳者	書名，シリーズ名	出版社	刊行年	分野
35	Árpád Szabó 中村幸四郎	ギリシア数学の始原	玉川大学出版部	1978	数
36	André Weil 足立恒雄，三宅克哉	数論——歴史からのアプローチ	日本評論社	1987	代
37	銭宝琮 川原秀城	中国数学史	みすず書房	1990	数
38	高木貞治	復刻版　近世数学史談・数学雑談	共立出版	1996	数
39	Aristotelēs 出隆	形而上学　上・下 （岩波文庫）	岩波書店	1959	他
40	Konrad Lorenz 日高敏隆，久保和彦	攻撃　悪の自然誌	みすず書房	1985	他
41	Jacques Lucien Monod 渡辺格，村上光彦	偶然と必然	みすず書房	1972	他
42	Richard Morris 荒井喬	時間の矢 （地人選書 26）	地人書館	1987	他
43	Ilya Prigogine, Isabelle Stengers 伏見康治，伏見譲，松枝秀明	混沌からの秩序	みすず書房	1987	他
44	Georg Henrik von Wright 服部裕幸 監修，牛尾光一	論理分析哲学 （講談社学術文庫）	講談社	2000	他
45	Thomas Samuel Kuhn 中山茂	科学革命の構造	みすず書房	1971	他
46	Immanuel Kant 篠田英雄	プロレゴメナ （岩波文庫）	岩波書店	2003	他
47	Sir Isaac Newton 河辺六男	ニュートン（プリンキピア） （世界の名著 31）	中央公論社	1979	他
48	Nicolaus Copernicus 高橋憲一	天球回転論	みすず書房	1993	他
49	Giordano Bruno 清水純一	無限，宇宙および諸世界について （岩波文庫）	岩波書店	1982	他
50	Galileo Galilei 山田慶児，谷泰	星界の報告　他一編 （岩波文庫）	岩波書店	1976	他
51	Galileo Galilei 青木靖三	天文対話 （岩波文庫）	岩波書店	1959	他
52	Galileo Galilei 今野武雄，日田節次	新科学対話 （岩波文庫）	岩波書店	1995	他
53	Alexandre Koyre 横山雅彦	閉じた世界から無限宇宙へ	みすず書房	1973	他

	著者, 訳者	書名, シリーズ名	出版社	刊行年	分野
54	Edward Grant 横山雅彦	中世の自然学	みすず書房	1982	他
55	Alexandre Koyre 菅谷暁	ガリレオ研究 (叢書ウニベルシタス)	法政大学出版局	1988	他
56	Arthur Koestler 小尾信彌, 木村博	ヨハネス・ケプラー 近代宇宙観の夜明け (ちくま学芸文庫)	筑摩書房	2008	他
57	W. K. C. Guthrie 武部久, 澄田宏	ギリシアの哲学者たち	理想社	1973	他
58	田中美知太郎	ソフィスト	筑摩書房	1957	他
59	Willard van Orman Quine 飯田隆史	論理的観点から 論理と哲学をめぐる九章 (双書プロブレーマタ)	勁草書房	1992	他
60	Jules-Henri Poincaré 吉田洋一	科学の価値 (岩波文庫)	岩波書店	1977	他
61	F. M. Cornford 山田道夫	ソクラテス以前以後 (岩波文庫)	岩波書店	1995	他
62	砂田利一, 長岡亮介, 野家啓一	数学者の哲学＋哲学者の数学 ―歴史を通じ現代を生きる思索	東京図書	2011	他
63	足立恒雄	無限のパラドクス (講談社ブルーバックス)	講談社	2000	数
64	足立恒雄	$\sqrt{2}$ の不思議 (ちくま学芸文庫)	筑摩書房	2007	数
65	足立恒雄	無限の果てに何があるか (知恵の森文庫)	光文社	2002	数
66	足立恒雄	数とは何か そしてまた何であったか	共立出版	2011	代
67	足立恒雄, 上村奈央	無限の考察	講談社	2009	数
68	Richard Dawkins 垂水雄二	神は妄想である	早川書房	2007	他
69	宮崎滔天	三十三年の夢 (岩波文庫)	岩波書店	1993	他
70	白川静, 梅原猛	呪の思想	平凡社	2002	他
71	草柳大蔵	斎藤隆夫かく戦えり	グラフ社	2006	他
72	勝小吉 勝部真長 編	夢酔独言 (平凡社ライブラリー)	平凡社	2000	他
73	渡辺京二	逝きし世の面影 (平凡社ライブラリー)	平凡社	2005	他
74	石光真人 編著	ある明治人の記録 会津人柴五郎の遺書 (中公新書)	中央公論新社	1971	他

	著者，訳者	書名，シリーズ名	出版社	刊行年	分野
75	Robert Kurson 池村千秋	46年目の光―視力を取り戻した男の奇跡の人生	NTT出版	2009	他
76	Henri Troyat 工藤庸子	イヴァン雷帝	中央公論社	1983	他
77	石橋湛山	湛山回想 （岩波文庫）	岩波書店	1985	他
78	竹内外史	数学的世界観　現代数学の思想と展望	紀伊國屋書店	1982	数
79	足立恒雄	数学から社会へ＋社会から数学へ　数学者の目で世相を観る	東京図書	2013	他

06

Motoko KOTANI

小谷元子

東北大学大学院理学研究科・原子分子材料科学高等研究機構 AIMR

「私の書棚」ということでしたので，
是非，読んで欲しいと思う良書を選びました．
少なくとも私の心に何らかの化学反応を起こした・
起こしている書物ばかりです．

数 幾 解 代 他

1
『宇宙の幾何 数学による宇宙の探究』

Robert Osserman 著
郷田直輝 訳
(翔泳選書), 翔泳社
1995年

> 測れないものを測り
> 見えないものを見る知恵が
> 幾何学を産みだした．
>
> 人類は，宇宙の地図を
> 描けるだろうか？

幾何学（Geometry）という単語は「Geo 大地」＋「metry 測定法」が合わさってできている．測れないものを測り，見えないものを見る人類の工夫が幾何学を産み出した．本書は2000年以上前（紀元前3世紀，エラトステネス），地中海周辺のわずかな地域を旅行するのが精一杯だった時代にアレキサンドリアに住む古代ギリシア人によって行われた「地球の大きさを測る」プロジェクトの紹介から始まる．当然のことながら，この時代に地球の大きさを直接測ることは不可能であった．そもそも地球の大きさを知ることに実用上の興味があったとも思えない．しかし実用上の利益がなくとも，「不可能である」ことは人類を挑戦に駆り立てた．そして，思いがけない発想の転換によって地球の大きさを驚くべき正確さで測ることに成功した．

そして，15世紀のコロンブスのアメリカ大陸発見によって，「大航海時代」が訪れる．正確な地図が「実用上の利益」となった．「正確な地図を描く」たくさんの試みが始まった．航海をするために必要な「距離」と「方角」をいかに正確に表すことができるか，これが人類の新たな挑戦となった．メルカトル図法，正距方位図法など，様々な知恵が生まれたが，どの地図も「距離」と「角度」を同時に正確に表すことはできなかった．その秘密は「曲率」にあった．そして，ガウスによる新しい幾何学が始まる．

本書は，正確な地図を描くための挑戦によって，幾何学がどのように発展してきたかを語りながら，数学の本質，ものの考え方を解き明かしていく．

今日，地球規模で人々が移動することが当たり前になったが，宇宙旅行は，まだまだ日常にはならない．ちょうどアレキサンドリア時代に地球の地図を「幾何学の知恵」で描いたのと同様に，「宇宙の地図」を描くことが，人類の知恵に対する大きな挑戦となっている．「パルサー，クエーサーなどを視覚的に捉えることができるようになった．しかし，これらはすべて宇宙という広大な大海原のほんの表層の現象にすぎない．宇宙の奥深く，われわれの視界をはるかに超えたところに存在するもの，われわれが目にする多様に進化した宇宙を根底で支える構造，これを視覚的に捉えるにはどうしてもそのための道具が必要だ．」

正確な地図を描く技術であった幾何学が，今，宇宙の地図を描く道具として展開している．人類ははたして宇宙の地図を描くことができるだろうか？

数 幾 解 代 他

2

『ダイヤモンドはなぜ美しい？ 離散調和解析入門』／『Topological Crystallography, With a View Towards Discrete Geometric Analysis』

砂田利一 著
丸善出版
2012年

Toshikazu Sunada 著
Springer
2012年

なんとこの世界は調和に満ちて美しいのか．
なぜか分からないが．
数学の問題の解決にもそして現実の問題の解決にも役だつ標準的実現の話

　数学を研究する醍醐味は，しばしば「この世界はなんとうまくできあがっているのだろう」と，自然の摂理に触れることができることにある．我々が日々出会う現象は，一見様々な要因が複雑に絡み合い，それぞれの事情でできあがっているように思うが，実は大変にシンプルな「最小作用の原理」で支配されている．一方，我々が「美しい」もしくは「調和している」（バランスがとれた）と思う感覚は，対称性，数学の言葉では「群」によって表現される．ヘルマン・ワイル（Hermann Weyl）の「シンメトリー」を始め対称性についての数学書物は多い．「自然はエネルギーが最小になる現象を選択する」と信じるのが「最小作用の原理」であるが，その結果が自然界の現象として現れる場合に非常に多くの場合に対称性が高く，我々が美し

いと感じる形態を取ることは不思議である．最小作用の原理が「信じる」ことであるのに対し，その結果が「対称性」の高い形になることは，多くの場合に数学的に証明することができる．そして，その証明ができたときに，「なんとこの世界は調和に満ちて美しいのか」と感動するのである．英詩人ウイリアム・ブレイク（William Blake）は fearful symmetry（恐ろしいまでの対称性）を神の技であると表現している．

砂田氏の「ダイヤモンドはなぜ美しい」で取り扱う美しさは，この文脈のなかで語られる．我々の身の回りにある物質は，微視的には，お互いに相互作用するたくさんの原子の集団である．この原子の配置と相互作用を単純化して，原子を頂点，相互作用を辺で表すことによりグラフで表現できる．なかでも周期的な構造を持つ結晶は，群論・フーリエ解析などの数学概念と結びつき，古くから研究されているが，未だにミステリアスな問題を残す．本書で砂田氏は，ダイヤモンドの肉眼でみた美しさではなく，原子構造の観点からみたダイヤモンド結晶構造の特徴を通して探求していく．自分も関係しているので面映ゆいが，2000 年ごろ，一般の結晶構造をもっとも対称性が高く描く方法を，調和性に注目して砂田氏とともに発見し「標準的実現」と名付けた．なぜか分からないが，数学の問題の解決にも役立ち，そして現実の物質の原子配列を探索することにも役立つ標準的実現が，本書で紹介される．その過程で，様々な数学の道具を初心者に分かりやすく例や問題をあげて解きほぐしていく．また，教養人砂田の面目躍如で，歴史のエピソードや名言，哲学がいたるところに散りばめられており，数学以外の楽しみもある．

更に，専門家向けにかかれたのが洋書 Topological Crystallography である．大変な労作で，書き出す前には「私の仕事の集大成」と言っておられたが，歩みを止めない砂田氏は，すでに新しい領域に踏み出している．まだまだ集大成にはならないだろう．

数 幾 解 代 他

3

『21世紀の数学 幾何学の未踏峰』

宮岡礼子, 小谷元子 編
日本評論社
2004年

> 幾何学の未解決問題集.
> どこに埋もれているのか,
> 何が埋もれているのか,
> そもそも存在するかどうかも
> 分からない金鉱脈を求めて

1980年頃, 幾何学と解析学を融合した大域解析学に熱い期待が集まっていた. その象徴的存在であるS.T. Yau（ヤウ）は, 宇宙の神秘を握っているカラビ・ヤウ多様体およびそれ以外の多くの業績によって, その名は数学を超えて広く知られている. 1983年に修士学生となった私の世代は,「Yauの問題集」Problem section（pp.669–706）, In Seminar on Differential Geometry, Ann. Math. Stu. 102（1982）, Princeton Univ. Pressに随分と触発された. Yauの問題集には, 幾何学に新しい視点やアイデアを与える「問題」が並んでいた. ここでいう問題とは, 試験にでる問題のように想定された解答があるわけではない. そもそも問いの立て方が正しいのか, 答えることができるのかもよく分からない. 当然, 解き方も分からない（分かっていれば, Yau本人が解いてしまう）Yau本人の問題意識や, 関心を公開したものである. 掲載された問題を, 読者が勝手に解釈し, 作り替え, 自分好みにしてから解いてみる. Yauの思惑を超えることができれば大成功である. そのような自由な気持ちで多くの数学者がそれぞれにこの問題集を読み解くことで, 大域解析学が大きく進んだ.

そういえば, D. Hilbert（ヒルベルト）は20世紀を迎えるにあたって,

「Hilbertの23問題を，クレイ数学研究所は21世紀を迎えるにあたって7つの「ミレニアム問題」を提出した．また，日本では，江戸時代に和算という独自の高等数学が花開いていたが，和算では問題を算額として神社に奉納し，また腕自慢がその解答を奉納するという公開道場の場で，お互いを刺激しあい発展を遂げた．良問は数学者の発想を刺激し，非自明な飛躍をもたらすようだ．

Yauの問題集に刺激を受けて，幾何学の研究者となった私は，現在，日本数学会幾何学分科会に所属している．幾何学分科会のもっとも大切な集会が「幾何学シンポジウム」である．2003年の幾何学シンポジウム50周年記念にあたり，幾何学の問題集を作りましょうと，そのときの責任評議員の宮岡礼子氏に持ちかけ，日本中の幾何学者が協力して出来上がったのが本書である．第50回幾何学シンポジウムは，全招待講演者が問題の提起に焦点をあてた．「新しい幾何学」「複素幾何学」「リーマン幾何学の諸相」「幾何解析」「リー群と多様体」「スペシャル幾何学」「幾何構造と微分方程式」「物理学の視点もこめて」の8章に分かれ，それぞれの専門分野における背景や問題意識を解説しながら問題を提起した．更にシンポジウム終了後に寄せられた115問の未解決問題も収録した．こうやって10年たって再読してもちっとも色あせないのが数学の魅力であろう．歴史的記録というほどのことはないが，やはり日本の幾何学の50年を物語る．思い付きをきちんとした形にして残してくださった宮岡氏の努力に今更ながら感謝する．

本の題目は「幾何学の未踏峰」となっているが，原案は"unexplored mine of geometry"であった．この本の解説として，当時自分が書いた文章を見ると，「数学には，誰もが見上げ，畏敬と憧憬の的となる美しく険しい山を征服する楽しみと，どこに埋もれているのか，何が埋もれているのか，そもそも存在するのかどうかも分からない鉱脈を求めて放浪する喜びがある．本書には，後者のちょっといかがわしく，怪しげな魅力があふれているように思う」とある．

[数] [幾] [解] [代] [他]

4 幾何学入門の4冊

初等幾何の醍醐味は補助線を一本引くと，複雑怪奇と思われた問題の正体が鮮やかにあらわれ，たちどころに解決するところにある．しかし，よい補助線を見出すのは天啓によるもので，現実の問題で，なかなかおいそれと，そのような都合のよい補助線が見つかるわけではない．座標があれば，図形の研究をシステマティックに行えるというのが『方法序説』で登場するデカルトの素晴らしい着想であり，「解析幾何学」と呼ばれる．座標をいれて，図形を式で表現してしまえば，知りたい幾何学的量は原理上計算可能である．高校で学ぶ平面，空間の方程式，ベクトル，行列，微分・積分，大学で学ぶ線形代数は，平面や空間のなかの図形を調べる近代幾何学の道具である．さて，では，曲がった空間上の幾何学をどうするか．我々の住んでいる地球は丸い．丸い球上に描かれた図形をシステマティックに調べたい．更に，重力によって歪んだ宇宙の形を計測したい．そのような宇宙航海時代に必要となる数学の道具が，「多様体」と，多様体上の計測道具（ものさしと分度器）「リーマン計量」を備えた「リーマン幾何学」である．現代数学の基盤である多様体やリーマン幾何学を学ぶうえでの定番入門書をご紹介しよう．

現代数学の基盤として，「数学で扱う対象」として「多様体」という概念が定式化されたことは大きい．平面上には座標がある．北5番東2丁目などと2つの実数 (5, 2) によって位置が特定できる．ところが，地球全体に共通の座標を入れようとすると困難が生じる．東へ東へと進んでいたつもりが，いつの間にか西にたどり着いたり，「僕たちの人生は平行線だね」と二度と会うことがないと信じて，離れた2地点からまっすぐに北に進んでいると，北極でばったり出会ってしまったりと，具合が悪い．まっすぐな平面や空間でない，より一般の図形に座標をいれるためにはどうすればいいのか，その

Motoko KOTANI ■小谷元子

上での微分積分理論，更に解析をどのように構築するのか，これが多様体の問題意識であり，その多様体の入門書として定評のあるのが松島与三『多様体入門』（裳華房）である．私にとっては，構造は始めからあるのではなくて，「構造を入れる」という発想を知った初めての書物であった．最近は，松本幸夫『多様体の基礎』（東京大学出版会）も好評である．前者はミニマリストのスタイル．出来上がった美しい理論を必要かつ不可欠のギリギリの要素を見切って紹介する．後者は，より発見的手法でかかれ，初心者が見過ごしがちな「仕掛け」を丁寧に説明している．多様体を理解する助け，いやそれ以上に数学書の裏に隠されている議論を，どのように探りあてるのかを知る助けになる．

さて，このように座標が入った多様体を更に深く研究する現代幾何学には，柔らかい視点で形を見る「位相幾何学」と剛い視点で形をみる「微分幾何学」がある．私の専門は「微分幾何学」である．その微分幾何学の主たる研究領域をなしているのが「リーマン幾何学」で，多様体上に物差しと分度器を与えて，距離，面積，曲率などの幾何学的な量を測ることを目的として19世紀にドイツ人数学者リーマンにより導入された．アインシュタインの相対性理論の理論基盤であることでも有名である．リーマン幾何学のテキストは和書・洋書とも数多くあるが，なかでも一番しっかりと書かれた酒井隆『リーマン幾何学』（裳華房）が書棚にあれば安心である．専門家向けで必要なことはすべてここに書かれている．変わり種も紹介しよう．塩谷隆『重点解説　基礎微分幾何』（サイエンス社）である．数学を本格的に勉強し始めるときの最初の難関は「位相空間論」である．抽象性が高く，我々の直感を裏切るような定理が次から次に現れ，論理の海にのまれそうになる．後になれば，位相空間で学んだ概念が必要となるデリケートな現象に出会い，そのありがたさがわかるのだが，最初の出会いはただただ強烈で，辛い踏み絵である．その「位相空間論」を事前に知らなくても微分幾何学が学べるように，初心者向けを目指した意欲的な微分幾何学の入門書である．

5 Jürgen Jost 著
[解] 小谷元子 訳
『ポストモダン解析学 原書第3版』
丸善出版, 2009年

自分で訳したからというわけではなく, 優れた解析学の入門書である. これ一冊で大学入学時点から数学科の解析の学部学生にとって必要なすべての知識をカバーしている. 現代解析学の抽象が, 抽象のための抽象ではなく, 解決すべき問題を解決するために, 素朴なアイデアから, 知恵を積み重ねて出来上がった産物であることが, 豊富な例と的確な提示によってよく理解できる.

6 Stefan Hildebrandt, Anthony Tromba 著
[幾] 小川泰, 平田隆幸, 神志那良雄 訳
『形の法則 自然界の形とパターン』
東京化学同人, 1994年

天体, 結晶, シャボン玉, 様々な生物の作る魅力的な構造. 自然界は最も美しい形を選ぶ. その裏にあるのは「自然は無駄をしない」という最小作用の原理に基づいていると多くの科学者は信じている. たくさんの写真や絵, 歴史や小説からの引用を交えながら楽しく「変分法」によって自然の形の秘密に迫る.

7 George K. Francis 著
[幾] 笠原晧司 監訳, 宮崎興二 訳
『トポロジーの絵本』
(シュプリンガー数学リーディングス), 丸善出版, 2005年

黒板のうえで説明を加えながら絵を書かれると幾何学はよく理解できる. その完成にいたる途中経過をこめて見せてくれるトポロジーの絵物語.

8 久賀道郎
[数] 『ガロアの夢 群論と微分方程式』
日本評論社, 1968年

何も知らなかった学生時代に出会い数学の深さを知った. 数学の教員となってこの本を開くと打ちのめされる. 一体, このような名講義を自分もできる日が来るだろうか.

9 原田耕一郎
[代] 『群の発見』
(数学, この大きな流れ), 岩波書店, 2001年

人は「対称性」に美や調和を感じる. それを追究した数学概念である「群」の発見がみごとに書かれている.

10 Paul Adrien Maurice Dirac 著
[他] 江沢洋 訳
『一般相対性理論』
(ちくま学芸文庫), 筑摩書房, 2005年

すべての無駄をみごとなまでそぎ落としきった美しい解説書.

11 山本義隆
他 『磁力と重力の発見』(全3巻)
みすず書房，2003年
『熱学思想の史的展開』(全3巻)
(ちくま学芸文庫)，筑摩書房，2008年

数年前，書店で「磁力と重力の発見」を手に取った．志を持ち，妥協せず逃げず，そうすればいかなる環境にいようとも，非自明なものを産み出せるのだと胸が熱くなった．

12 Edwin Abbott Abbott 著
他 冨永星 訳
『フラットランド多次元の冒険』
日経BP社，2009年

スイフトの『ガリバー旅行記』のなかでは，数学者は雲の上にあるラピュタ島に住み，役にたたない机上の空論と議論のための議論を繰り返す不思議な種族として記述されている．しかし，数学者は奇妙な空想の世界に住んでいるのではなく，数学者にとって「実在」と感じる世界を，想像力を駆使することで，探索しようとしている．その気持ちをわかってほしい．それがアボットの動機だっただろうか．2次元平面に住む平面人が3次元空間人と出会って3次元空間を理解していく話．最初は「あなた様（3次元人）のおっしゃることはちんぷんかんぷん」であった平面人が，次元の本質を理解することにより，「高次元の世界が存在することは確かなのです」と想像の中の実在を信じるようになるところは感動的．

13 野家啓一 責任編集
他 『哲学の歴史 第10巻 危機の時代の哲学』
中央公論新社，2008年

2つの大きな戦争のあった20世紀，理性はまさに危機にさらされた．科学が自然を制御し文明や文化をもたらすという素朴な信頼がくずれ，文明が時として野蛮であることもあると知った時代の哲学についての解説書．「アウシュヴィッツのあとで詩などを書くことは野蛮」（T. アドルノ）なのだろうか．

14 Karel Capek 著
他 小松太郎 訳
『園芸家12カ月』
(中公文庫)，中央公論新社，1996年

ユーモラスで，隠し味がピリっと効いた園芸家の12ヶ月．「私が植えたのは1本のマキギヌだった．そのとき指のどこかに傷をして，そこからでも入ったのか，（中略）一種の中毒，あるいは炎症をおこした．つまり園芸熱というやつにかかったのだ」で始まり，「本物，一番肝心なものは，私たちの未来にある．新しい年を迎えるごとに高さとうつくしさがましていく．ありがたいことに，私たちはまた1年歳をとる」で終わる．そわそわ感，いそいそ感，気長で気短なところ，数学者と園芸家ってなんだか似ている．

	著者，翻訳者	書名，シリーズ名	出版社	刊行年	分野
1	松島与三	多様体入門 (数学選書 5)	裳華房	1965	幾
2	酒井隆	リーマン幾何学 (数学選書 11)	裳華房	1992	幾
3	塩谷隆	重点解説　基礎微分幾何 (SGC70)	サイエンス社	2009	幾
4	Jürgen Jost 小谷元子	ポストモダン解析学　原書第3版	丸善出版	2009	解
5	新井仁之	ルベーグ積分講義	日本評論社	2003	解
6	日本数学会 編	岩波　数学辞典　第4版	岩波書店	2007	数
7	青本和彦ほか 編	岩波　数学入門辞典	岩波書店	2005	数
8	John Willard Milnor 志賀浩二	モース理論　POD 版	吉岡書店	2004	幾
9	Raoul Bott, Loring W. Tu 三村護	微分形式と代数トポロジー	シュプリンガー・フェアラーク東京	1996	幾
10	小林昭七	接続の微分幾何とゲージ理論	裳華房	1989	幾
11	砂田利一	基本群とラプラシアン　幾何学における数論的方法 (紀伊國屋数学叢書)	紀伊國屋書店	1988	幾
12	砂田利一	ダイヤモンドはなぜ美しい？ 離散調和解析入門	丸善出版	2012	幾
13	砂田利一	分割の幾何学	日本評論社	2000	幾
14	古田幹雄	指数定理	岩波書店	2008	幾
15	深谷賢治	シンプレクティック幾何学	岩波書店	2008	幾
16	河野俊丈	場の理論とトポロジー	岩波書店	2008	幾
17	森田重之	特性類と幾何学	岩波書店	2008	幾
18	William P. Thurston, Silvio Levy 小島定吉	3次元幾何学とトポロジー	培風館	1999	幾
19	宮岡礼子，小谷元子 編	21世紀の数学　幾何学の未踏峰	日本評論社	2004	幾
20	Jean-Pierre Serre 彌永健一	数論講義	岩波書店	1979	代
21	Yakov G. Sinai 森真	確率論入門コース	丸善出版	2012	解

Motoko KOTANI ■小谷元子

	著者，翻訳者	書名，シリーズ名	出版社	刊行年	分野
22	舟木直久，内山耕平	ミクロからマクロへ 1，2	シュプリンガー・フェアラーク東京	2002	解
23	福島正俊	ディリクレ形式とマルコフ過程 （紀伊國屋数学叢書）	紀伊國屋書店	2008	解
24	George K. Francis 笠原晧司 監訳 宮崎興二 訳	トポロジーの絵本 （シュプリンガー数学リーディングス）	丸善出版	2005	幾
25	Stefan Hildebrandt, Anthony Tromba 小川泰，平田隆幸，神志那良雄	形の法則　自然界の形とパターン	東京化学同人	1994	幾
26	久賀道郎	ガロアの夢　群論と微分方程式	日本評論社	1968	数
27	原田耕一郎	群の発見 （数学，この大きな流れ）	岩波書店	2001	代
28	砂田利一	現代幾何学への道　ユークリッドの蒔いた種 （数学，この大きな流れ）	岩波書店	2010	幾
29	砂田利一	新版　バナッハ−タルスキーのパラドックス （岩波科学ライブラリー）	岩波書店	2009	幾
30	Robert Osserman 郷田直輝	宇宙の幾何　数学による宇宙の探究 （翔泳選書）	翔泳社	1995	幾
31	Paul Adrien Maurice Dirac 江沢洋	一般相対性理論 （ちくま学芸文庫）	筑摩書房	2005	他
32	Albert Einstein 青木薫	アインシュタイン論文選 （ちくま学芸文庫）	筑摩書房	2011	他
33	九後汰一郎	ゲージ場の量子力学 I，II （新物理学シリーズ）	培風館	1989	他
34	田崎晴明	熱力学　現代的な視点から （新物理学シリーズ）	培風館	2000	他
35	田崎晴明	統計力学 I，II （新物理学シリーズ）	培風館	2008	他
36	Charles Kittel 宇野良清，新関駒二郎，山下次郎，津屋昇，森田章	固体物理学入門　第 8 版	丸善出版	2005	他
37	砂田利一	岩波講座　物理の世界　物の理 数の理①〜⑤	岩波書店	2004	他

06

87

	著者，翻訳者	書名，シリーズ名	出版社	刊行年	分野
38	高木貞治	数学の自由性 （ちくま学芸文庫）	筑摩書房	2010	数
39	Jules-Henri Poincaré 河野伊三郎	科学と仮説 （岩波文庫）	岩波書店	1938	他
40	Jules-Henri Poincaré 吉田洋一	科学の価値 （岩波文庫）	岩波書店	1977	他
41	Jules-Henri Poincaré 吉田洋一	改訳 科学と方法 （岩波文庫）	岩波書店	1953	他
42	朝永振一郎	スピンはめぐる	みすず書房	2008	他
43	朝永振一郎	物理学とはなんだろうか 上・下	岩波書店	1979	他
44	山本義隆	磁力と重力の発見（全3巻）	みすず書房	2003	他
45	山本義隆	熱学思想の史的展開（全3巻） （ちくま学芸文庫）	筑摩書房	2008	他
46	Laurent Schwartz 彌永健一	闘いの世紀を生きた数学者 ローラン・シュヴァルツ自伝 上・下	丸善出版	2006	数
47	数学書房 編	この数学者に出会えてよかった	数学書房	2011	数
48	数理科学編集部 編	数学の道しるべ	サイエンス社	2011	数
49	岩波書店編集部 編	ブックガイド 文庫で読む科学	岩波書店	2007	他
50	野家啓一	パラダイムとは何か	講談社	2008	他
51	野家啓一 責任編集	哲学の歴史 第10巻 危機の時代の哲学	中央公論新社	2008	他
52	砂田利一，長岡亮介，野家啓一	数学者の哲学＋哲学者の数学 歴史を通じ現代を生きる思索	東京図書	2011	他
53	Edwin Abbott Abbott 冨永星	フラットランド 多次元の冒険	日経BP社	2009	他
54	Mark Haddon 小尾芙佐	夜中に犬に起こった奇妙な事件	早川書房	2003	他
55	Paul Auster 柴田元幸	ムーンパレス （新潮文庫）	新潮社	1997	他
56	Karel Capek 小松太郎	園芸家 12 カ月 （中公文庫）	中央公論新社	1996	他
57	Toshikazu Sunada	Topological Crystallography, With a View Towards Discrete Geometric Analysis	Springer	2012	幾
58	松本幸夫	多様体の基礎 （基礎数学）	東京大学出版会	1988	幾

07

Toshihide MASUKAWA

益川敏英
名古屋大学素粒子宇宙起源研究機構

物理学の思考を整理することに使うくらいの数学ならば，自分で開発します．僕にとって，数学というものはじゃれ合う対象です．その楽しみのための蔵書は3,000冊くらいになってしまいました．中には蒸発した本もあるのですが，……．

1 『古典力学の数学的方法』

Vladimir Igorevich Arnol'd,
A. Avez 著
安藤韶一, 蟹江幸博, 丹羽敏雄 訳
岩波書店
2003 年

> 物理屋は古典力学なら、
> それは自分たちの先輩たちが
> 開発したものであるから
> よく理解している。
>
> しかしそれは個別的であり
> 技巧的である。
>
> それに対して数学者は
> 解全体を俯瞰的に見ている。
> そのようすがよく分かる。

古典力学にかんして，物理屋は専門家ですから，そのことを必ずよく知っているわけです．しかしこの本の切り口は，力学系をはじめとする非常に広範囲の研究で大御所の数学者であるアーノルド独特の視点で，古典力学に現れる数学的手法の体系的な解説です．僕自身がその一つの大きな特徴と考えているのが，解そのものを非常に位相的に，集合としてとらえているという点です．

僕の個人的な感覚で言えば，この本にあるような数学的な予備知識がないような状況で古典力学を考えるとき，当然，物理屋の興味は特定解に尽きますから，物理的な思考の枠組みで言えば，解を集合としてとらえるということはないと思うのです．もちろん，最近の多くの物理屋さんは，すでにこの本のような着眼点をもつ書物で学んでいますから，こういう手法自体は知っていて，使える

と思います.

つまりこの本からは，分野をこえた着想の大切さを読みとりました．それは，多くの物理現象の中にあるそれぞれの関心に対して，どのように接近（アプローチ）して，どのように概念構築して，どのように解に到達できるのか，のような思考変遷を辿るときの思考法をいくつか備えていなければならない，ということです．

物理的な思考法で物事を考えるとき，いくつかの例を考えてそれらを抽象化していくというやり方をとります．それに対して数学的な思考法は反例を考えていくというやり方をとるように思います．僕の好みはどちらかと言えば，反例を考える数学的な思考法で，そのようにしているのだと思います．また，ふだんから比較的多くの数学書を好んで読み，数学に親しんでいることも手伝って，数学の言葉遣いもよくわかりますから，一般的に言われるような，物理と数学の間にある違和感のようなものを感じたこともありません．

学習を始める初学者は当然，思考の枠組みも，その枠組みの構築方法も分からない真っ白な状態です．そのような真っ白の状態にどのような方法で色が塗れると思いますか？　やはり手っ取り早い方法として，本を読んで必要な知識を得る，ということが重要なのではないでしょうか．物理学や数学の分野に限ったことではないように思いますが，教科書，専門書や啓蒙書も含めて本が読者の学習や思考を育てる役割，果たす影響は大変大きなものと思います．

数学書への思い入れ，という点でまとめれば，数学者は新しい数学の出来事を発見したいと思い専門書を読み，数学における物事を考えると思います．その点，僕は数学者ではありませんから，研究レベルで数学を探求することはありません．ただ数学のことを知りたいという欲求で読書を進めるだけです．

この本の印象は，まさに『古典力学の数学的方法』という題名そのものだと思いますし，著者の関心が手に取るように分かるのではないでしょうか．

数 幾 解 代 他

2

『新版 バナッハ-タルスキーのパラドックス』

砂田利一 著
(岩波科学ライブラリー),岩波書店
2009年

選出公理が強力すぎることを、この本で実感しました。数学者はこのパラドックスの前から知っていたのですね.

数学者が数学の新しい出来事を発見したいと思って考えたことの典型が,この"バナッハ＝タルスキーのパラドックス"ではないでしょうか.

つまりそれは,数学における選択(選出)公理(集合論における一つの公理.「集合 X が,空でない部分集合の族に分割されているとき,各部分集合から一つずつ要素を選び出して,それらを集めることにより,一つの集合を作ることができる」ことを主張する.1904年にツェルメロによって,この公理の必要性が示唆された)を数学者が非常に問題にしていることの現れではないか,という点です.このことによって僕が強く思ったことは,選択公理というものが"仮定＝結論"みたいなもので,如何に恐ろしいか,ということが分かった,ということです.

ここで,バナッハ＝タルスキーのパラドックスについて簡単に触れてみ

ます．一つのボールを二つのボールにするマジックがあります．もちろんタネはありますが，マジックショウの最中では，タネがどこにあるのかを見破るのは容易ではありません．一つのボールを二つにするわけですから，物理的に考えれば質量保存則に反して，不可能です．当然，マジシャンは別ボールを隠し持っています．数学的に考えても一つのボールを二つにすれば，体積は2倍になりますからおかしいわけです．しかしバナッハとタルスキーは，数学的にこれが可能であることを示しました．「ボールを有限個に分割，それを寄せ集めることで二つのボールにすることができる」これが純然たる数学の定理になっているのです．

この常識的には不可能なことを可能にするのが，先に述べた数学の選択公理なのです．しかしどう考えても，ここには具体的な手続きはありません．物理的なものの考えの中で，これほど強く（数学的な論理上の）制約を受けることはありません．そもそも数学者は，選択公理を強く意識し過ぎるのではないか？

そういう気持ちから，このバナッハ＝タルスキーのパラドックスが数学的なとらえ方の典型ではないか，と思ったのです．

数学者とこの選択公理について話をしたことがあります．僕自身の考えをそのままぶつけてみました．「数学者は選択公理を強く意識しすぎではないか？」ということです．

そこでの話題はユークリッドの平行線公理を例に考えました．19世紀の終わりころに非常に問題になりましたが，平行線公理の否定の下で成り立つ非ユークリッド幾何学が矛盾なく存在することが公理を乗り越えていくことの典型ではなかったでしょうか？　ここでの数学者とのやり取りを整理すれば，たしかに選択公理が強過ぎることは分かっている．ただ一方で，選択公理の制約を弱めて考えることのような例も把握している．つまり，この選択公理の制約を弱めて考えるような例を公理の形で取り出すことがまだできていない，ということになるように思いました．数学者がこれほどの把握をしているのであれば，新たな選択公理が出てくることによって，こうした問題は解決するのでしょうか？

数 幾 解 代 他

3

『岩波　数学辞典　初版―第4版』

日本数学会 編集
岩波書店
1954-2007年

> 数学は人類が持っている
> もっとも正名(確)な言葉である。
> 第一版がもっとも面白い。
> 版を重ねるごとに内容は多くなるが
> なぜこの定理が成り立つのか，
> この定義が必要なのかを
> 分からせようとする努力が
> 見えなくなって行く。

僕はこの辞典を1954年の初版刊行当時から愛読し続けています．そのため，この辞典に対する思い入れはとても強くあります．現在，何度かの改訂を経て第4版まで版をのばしていますが，版ごとに少しずつの違いがあるように思います．せっかくの機会ですから，初版から愛読しているものの目線で，その違いやそれぞれの版へのコメントを想い出せる範囲で行ってみます．

初版の刊行は1954年です．この初版は，初めての試みをする，という著者たちの意気込みも大きな要素にあったと思いますが，読者に対して，"分からせる！"という気持ちで書かれたことがよく伝わってきました．それは，ひたすらに並ぶ用語の羅列ではなく，ひけばひくほどその奥につながるものを理解させようというような雰囲気です．

そもそも，その分野（ここでは数

学)の専門辞典は，専門家にとっては当然，既知の出来事の羅列です．活用者の大半はその専門ではなく（ここでは数学ではなく）周辺の人なのではないでしょうか．そのため，分からない用語をひき，さらにそこにある用語を孫引きする，こういうことを繰り返していくと，その専門分野の全体像が自ずと見えてくる，という効果で，初版はこれが秀逸でした．

その次に増訂版が1960年に刊行され，1968年には第2版，1985年には第3版が刊行されます．版が進むにつれ，数学自体の発展とともに分類の複雑さ，細分化が進むのは言うまでもありません．ちなみに，この辞典には〈項目表〉というのがついています．現在の第4版では515項目，第3版では450項目となっています．

当然，一つの学問が発達して拡がっていけば，細分化するときはより細かく，また分類の境界がどこにあるのか分からなくなってしまうわけです．そしてこうした傾向が，この辞典がもっていた"ひけばひくほど奥につながるものの理解を助け，数学全体像を見せる"，という特徴を押し殺すようになってしまったのではないか，と考えます．僕個人としては，とくに第3版でそれを強く感じました．増やすことに加え，もう少し捨てることも機械的に行ったほうがよかったのではないか，と思います．一例を挙げれば，日本人の名前自体や，日本人の名前がついた定理が出過ぎている，という点です．項目の増やし過ぎによって，活用者は消化不良を起こしてしまうことでしょう．

ただ反面，現在の第4版が刊行された2007年，あまり先のことを考えることに物理学者は意味を感じませんが，この先の第5版以降を考えると，より一層，細分化が進み，言い換えればビッグバンのように裾野の拡がってしまった現代数学を，これくらいの辞典一冊で表すことがほとんど不可能に近くなってしまったのではないでしょうか．それを覚悟して，日本数学会と共同して編纂作業を長年行っている岩波書店の尽力と貢献はとても大きなものではないでしょうか．

4 中村芳彦
数 『三角法』
(新数学シリーズ4), 培風館, 1957年

高校2年か, 3年のときに古書で購入した最初の専門書. とくに三角法自体に驚きはなかったが, 話題の最後のほうにあった球面三角法に背伸びを感じた.

5 山内恭彦, 杉浦光夫
代 『連続群論入門』
(新数学シリーズ8), 培風館, 1960年

こんな小さな本の中に, よくこれだけのことが書かれたものだ, と思えた. 著者らが伝えたい重要なことが, 出題された演習問題などを手を動かし解くことでよくわかった. 解説の中に演習問題を入れた最初のころの試みではないか？ またこれらの本に限らず, 当時の古書, 中でも戦前の古書は, 近代科学を導入する動機から書き下ろされており, 学問の重要性がよく伝わってきた. このシリーズは, 発売されるたびにある程度, 購入した.

6 スモゴルジェフスキー, コストフスキー 著
機 安香満恵, 矢島敬二, 松野武 訳
『定木による作図／コンパスによる作図』
(数学新書8), 商工出版社, 1960年

この本には, コンパスと定木を使った作図がみんなできる, と書いてある. とくに平行線にかかわる作図は秀逸だった. 学士院の会議の際, 森重文さん (京都大学数理解析研究所所長) も同じように影響を受けた, と言っていた.

7 森口繁一, 宇田川銈久, 一松信
数 『岩波 数学公式 I〜III』
(岩波全書), 岩波書店, 1956年

数学は体系を伴った学問だが, 数学書の読書は必ずしも始めからきちんと読んでゆかなくてもよい. パラパラとみているうちにあっという間に読み終わった.

8 寺沢寛一
数 『自然科学者のための数学概論 増訂版改版』
岩波書店, 1983年

高木貞治著『解析概論』がお座敷での御稽古事の数学なら, この本からは, 数学とはどういうところに使えるのか, ということがビビッドに伝わってくる店で新鮮さがある. 大学に入学したとき『岩波 数学辞典』とセットで購入した.

9 佐竹一郎
代 『リー環の話 新版』
(日評数学選書), 日本評論社, 2002年

冒頭の「アンドロメダ星雲にアマノジャック星がある. そしてそこには文明が発達しているから, 当然, 数学もある」という行. この数学者らしい言葉遣い, 「文明の発達しているところには絶対, 数学がある」という発想が大変面白い. またアマノジャックだけに, 割算を基盤に展開

される話しも深い考えを得ることに役だった．

10 中岡稔
解 『不動点定理とその周辺』
(数学選書)，岩波書店，1977 年

この本を使って書いた不動点定理を扱った投稿論文の内容によって，当時あった"論文の 35 ページ制限"が突破された．（論文査読は，中西襄先生）このとき，バーコフの定理の拡張に不動点定理を活用した．

11 柴田寛
数 『連分数　I, II』
(岩波講座　数学)，岩波書店，1933 年

この本を通じ，連分数を使うといろいろな関数がきれいに表せることを学んだ．その知識から非線形微分方程式の解き方を独流で模索した．

12 Hermann Weyl 著
他 菅原正夫，下村寅太郎，森繁雄 訳
『数学と自然科学の哲学』
岩波書店，1959 年

"数学者が物事を考えるとこういう具合になるのか"という視点を体感するため参考にする定本．

13 柴垣和三雄
解 『特殊函数論』
(現代数学講座)，共立出版，1968 年

特殊関数というものを，一つの確定特異点をいくつかに分類して，そこから全体を眺めるという着眼が見事．

	著者, 訳者	書名, シリーズ名	出版社	刊行年	分野
1	益川敏英	現代の物質観とアインシュタインの夢 (岩波科学ライブラリー)	岩波書店	1995	他
2	日本物理学会 編	ニュートリノと重力波　実験室と宇宙を結ぶ新しいメディア	裳華房	1997	他
3	益川敏英 著 大槻義彦, パリティ編集委員会 編	いま, もう一つの素粒子論入門 (パリティブックス)	丸善	1998	他
4	日本物理学会 編	物質の究極を探る　現代の統一理論	培風館	1982	他
5	岡山物理を語る会	仁科芳雄博士記念科学講演会 第13巻　現代の物質観	科学振興 仁科財団	2003	他
6	平林久, 梶田隆章, 銀林浩, 丸山健人, 益川敏英, 秋光純, 立石雅昭	自然の謎と科学のロマン　上	新日本出版社	2003	他
7	田中一之	ゲーデルに挑む　証明不可能なことの証明	東京大学出版会	2012	数
8	Vladimir Igorevich Arnol'd, A. Avez 安藤韶一, 蟹江幸博, 丹羽敏雄	古典力学の数学的方法	岩波書店	2003	解
9	Élie Joseph Cartan 矢野健太郎	外微分形式の理論　積分不変式	白水社	1964	解
10	Morris W. Hirsch, S. Smale, R. L. Devaney 桐木紳, 三波篤郎, 谷川清隆, 辻井正人	力学系入門　微分方程式からカオスまで　原書第2版	共立出版	2007	解
11	Claude Chevalley 齋藤正彦	シュバレー　リー群論 (ちくま学芸文庫)	筑摩書房	2012	代
12	岡本和夫	パンルヴェ方程式	岩波書店	2009	解
13	佐武一郎	現代数学の源流〈上〉複素関数論と複素整数論	朝倉書店	2007	解
14	佐武一郎	現代数学の源流〈下〉抽象的曲面とリーマン面	朝倉書店	2009	幾
15	Hermann Klaus Hugo Weyl 遠山啓	シンメトリー	紀伊國屋書店	1970	数
16	石村貞夫, 石村園子	増補版　金融・証券のためのブラック・ショールズ微分方程式	東京図書	2008	解
17	十時東生	復刊　エルゴード理論入門	共立出版	2009	解
18	銅谷賢治, 藤井宏, 伊藤浩之, 塚田稔 編	脳の情報表現　ニューロン・ネットワーク・数理モデル	朝倉書店	2002	他

	著者，訳者	書名，シリーズ名	出版社	刊行年	分野
19	Albert Einstein 矢野健太郎	相対論の意味　附：非対称場の相対論	岩波書店	1958	他
20	Ernst Kunz 織田進，佐藤淳郎	可換環と代数幾何入門	共立出版	2009	代
21	深谷賢治 編	ミラー対称性入門	日本評論社	2009	幾
22	中路貴彦	正則関数のなすヒルベルト空間 (岩波数学叢書)	岩波書店	2009	幾
23	加藤五郎	コホモロジーのこころ	岩波書店	2003	幾
24	Daniel Duverney 塩川宇賢	数論　講義と演習	森北出版	2006	代
25	Amir D. Aczel 水谷淳	ブルバキとグロタンディーク	日経BP社	2007	数
26	中山正，服部昭	復刊 ホモロジー代数学	共立出版	2010	幾
27	汪金芳 手塚集，上田修功，田栗正章，樺島祥介，甘利俊一，竹村彰通，竹内啓，伊庭幸人 編集	計算統計Ⅰ　確率計算の新しい手法 (統計科学のフロンティア)	岩波書店	2003	解
28	川本亨二	江戸の数学文化 (岩波科学ライブラリー)	岩波科学	1999	数
29	黒川信重	リーマン予想の150年 (数学，この大きな流れ)	岩波書店	2009	代
30	Adrien-Marie Legendre 高瀬正仁	数の理論	海鳴社	2008	代
31	松本幸夫	4次元のトポロジー　増補新版	日本評論社	2009	幾
32	Joel L. Schiff 梅尾博司，Ferdinand Peper 監訳 足立進，礒川悌次郎，今井克暢，小松崎俊彦，李佳 訳	セルオートマトン	共立出版	2011	数
33	岡田章	ゲーム理論・入門　人間社会の理解のために (有斐閣アルマ)	有斐閣	2008	他
34	日本数学会 編	岩波　数学辞典　初版―第4版	岩波書店	1954―2007	数
35	Kurt Gödel 林晋，八杉満利子 解説・訳	ゲーデル 不完全性定理 (岩波文庫)	岩波書店	2006	数

	著者, 訳者	書名, シリーズ名	出版社	刊行年	分野
36	Nicolas Bourbaki 村田全, 杉浦光夫, 清水達雄	ブルバキ 数学史 上・下 (ちくま学芸文庫)	筑摩書房	2006	数
37	Hermann Weyl 内山龍雄	空間・時間・物質 上・下 (ちくま学芸文庫)	筑摩書房	2007	他
38	Akihiro J. Kanamori 渕野昌	巨大基数の集合論	シュプリンガー・フェアラーク東京	1998	数
39	木村達雄 編	佐藤幹夫の数学	日本評論社	2007	数
40	柴垣和三雄	特殊函数論 (現代数学講座)	共立出版	1968	解
41	柴田寛	連分数論 I, II (岩波講座 数学)	岩波書店	1933	数
42	砂田利一	新版 バナッハ-タルスキーのパラドックス (岩波科学ライブラリー)	岩波書店	2009	幾
43	Richard H. Crowell, Ralph H. Fox 寺阪英孝	結び目理論入門 (現代科学選書)	岩波書店	1967	幾
44	Roman Kaluza 志賀浩二 監訳	バナッハとポーランド数学	丸善出版	2012	数
45	Hermann Weyl 田村二郎	リーマン面	岩波書店	2003	幾
46	阿部英一	ホップ代数	岩波書店	1977	代
47	森本光生	復刊 佐藤超函数入門	共立出版	2000	解
48	Hermann Weyl 菅原正夫, 下村寅太郎, 森繁雄	数学と自然科学の哲学	岩波書店	1959	他
49	John von Neumann 井上健, 広重徹, 恒藤敏彦	量子力学の数学的基礎	みすず書房	1957	他
50	杉浦光夫	リー群論	共立出版	2000	代
51	田中一之	数学の基礎をめぐる論争 21世紀の数学と数学基礎論のあるべき姿を考える	シュプリンガー・フェアラーク東京	1999	数
52	John Horton Conway 山田修司	四元数と八元数 幾何, 算術, そして対称性	培風館	2006	解

	著者，訳者	書名，シリーズ名	出版社	刊行年	分野
53	Helen Kelsall Nickerson, D. C. Spencer, N. E. Steenrod 原田重春，佐藤正次	現代ベクトル解析　ベクトル解析から調和積分へ	岩波書店	1965	解
54	Henri Cartan 高橋禮司	複素函数論	岩波書店	1965	解
55	松田道彦	外微分形式の理論 （数学選書）	岩波書店	1976	解
56	小林亮一	リッチフローと幾何化予想 （数理物理シリーズ）	培風館	2011	幾
57	新井敏康	数学基礎論	岩波書店	2011	数
58	小柳義夫，中村宏，佐藤三久，松岡聡	スーパーコンピュータ （岩波講座　計算科学　別巻）	岩波書店	2012	数
59	鎌田聖一	曲面結び目理論	丸善出版	2012	幾
60	藤原英徳 関口次郎，西山享，山下博 編	指数型可解リー群のユニタリ表現 （数学の杜）	数学書房	2010	代
61	佐竹一郎	リー環の話　新版 （日評数学選書）	日本評論社	2002	代
62	森田克貞	四元数・八元数とディラック理論	日本評論社	2011	数
63	Harold Mortimer Edwards, Jr. 鈴木治郎	明解　ゼータ関数とリーマン予想 （KS理工学専門書）	講談社	2012	代
64	登坂宣好，山本昌宏，大西和栄	逆問題の数理と解法　偏微分方程式の逆解析	東京大学出版会	1999	解
65	安藤哲也	代数曲線・代数曲面入門　複素代数幾何の源流　新装版	数学書房	2011	幾
66	大沢健夫	寄り道の多い数学 （岩波科学ライブラリー）	岩波書店	2010	数
67	Leonard M. Wapner 佐藤宏樹，佐藤かおり	バナッハ＝タルスキの逆説　豆と太陽は同じ大きさ？	青土社	2009	数
68	宮西正宜	代数学1　基礎編	裳華房	2010	代
69	宮西正宜	代数学2　発展編	裳華房	2011	代
70	春日真人	百年の難問はなぜ解けたのか （新潮文庫）	新潮社	2011	数
71	砂田利一 編	現代幾何学の流れ	日本評論社	2007	幾
72	今野豊彦	物質の対称性と群論	共立出版	2001	他
73	髙橋陽一郎 編	伊藤清の数学	日本評論社	2011	数

	著者, 訳者	書名, シリーズ名	出版社	刊行年	分野
74	黒川信重, 小山信也	絶対数学	日本評論社	2010	代
75	Sheldon Katz 清水勇二	数え上げ幾何と弦理論	日本評論社	2011	他
76	Warwick Ford, Michael S. Baum 山田慎一郎	ディジタル署名と暗号技術　第2版	ピアソンエデュケーション	2001	数
77	宮地充子	代数学から学ぶ暗号理論　整数論の基礎から楕円曲線暗号の実装まで	日本評論社	2012	数
78	小野孝	復刊　数論序説	裳華房	1987	代
79	銅谷賢治	計算神経科学への招待 （臨時別冊　数理科学）	サイエンス社	2007	他
80	海老原円	14日間でわかる代数幾何学事始	日本評論社	2011	代
81	Morris W. Hirsch 松本堯生	微分トポロジー	丸善出版	2012	幾
82	中村芳彦	三角法 （新数学シリーズ）	培風館	1957	数
83	山内恭彦, 杉浦光夫	連続群論入門 （新数学シリーズ）	培風館	1960	代
84	スモゴルジェフスキー, コソトフスキー 安香満恵, 矢島敬二, 松野武	定木による作図，コンパスによる作図 （数学新書）	商工出版社	1960	幾
85	森口繁一, 宇田川銈久, 一松信	岩波　数学公式（新装版）　I～III （岩波全書）	岩波書店	1987	数
86	寺沢寛一	自然科学者のための数学概論　増訂版改版	岩波書店	1983	数
87	中岡稔	不動点定理とその周辺 （数学選書）	岩波書店	1977	解

08

Akihiro NOZAKI

野崎昭弘
大妻女子大学名誉教授

私の「お気に入り」をご紹介します．
若い頃夢中になって読んだ本もあれば，
最近読んで感心した本もあります．
皆さんも「お気に入り」の著者を見つけて，
その人の本を次々と読んでみることをおすすめします．
この紹介が，そのための手掛かりになれば，実にうれしいことです．

数 幾 **解** 代 他

1
『解析概論』

高木貞治 著
岩波書店
改訂第3版　1983年

> 髙木貞治『解析概論』
>
> はじめて出会った、ホンモノの数学。
> 私の青春の思い出。

　今さら私がいうまでもない名著で，現在も新版が書店で売られているのは，うれしいことである．内容がやや古いこと，微分方程式が扱われていないこと，演習問題が少ないことなど欠点もあるが，古典的な内容をすっきり整理して紹介していること，数値計算についても言及されていることは，大きな長所であろう．ところどころに，著者ならではの「歴史的な感覚」が（時には講談口調で）語られているのも，長所にあげてよいと思う．たとえば1変数の積分については，アルキメデスの古典的な求積法に始まり（アルキメデスの原理にも言及），同じ問題を逆微分で解き，区分求積法による定積分の定義，それから微分積分法の基本公式へと進む……という「標準コース」の中に「定積分の近似計算」が加わり，シンプソンの方法と誤差評価，ガウスの方法が取り上げられている

ところは，純粋数学の教科書としては珍しいことであろう．第4章「無限級数　一様収束」では，常用対数の計算法（七桁対数表製作の理論）にも触れられている．

この本は，私の「青春の1冊」で，高校1年生の夏に夢中になって読んだ．一人で読んだので，今になって思えば「理解不十分」なところもたくさんあったに違いないが，第4章の無限級数が細かい話でおもしろくなくて，ガマンしながらなんとか通過したら，第5章で俄然おもしろくなり，ここは夢中になって読んだ．数学の「体系的な美しさ」を，ここで初めて知ったように思う．ついでながら付録 I の無理数論も，私にはとてもおもしろく思われた．

「自分なりに考えるおもしろさ」を知ったのも，この本のお蔭である．第3章に，「積分変数の変換」の次の公式が載っている：

$$\int_a^b f(x)\,dx = \int_\alpha^\beta f(\varphi(t))\varphi'(t)\,dt$$

そこでは関数 $f(x)$, $\varphi(t)$ の積分可能性と $\varphi(t)$ の単調性，それに $\varphi'(t)$ の連続性が仮定されていて，「ここで $\varphi(t)$ の単調性が重要」という（ちょっぴり講談調の）解説がついていた．しかし証明の中では $\varphi(t)$ の単調性は，本質的には使われていなかった（$f(\varphi(t))$ が $\alpha \leq t \leq \beta$ で連続でさえあればよい）．

$\varphi'(t)$ と $f(\varphi(t))$ の連続性を仮定すれば証明できることは，本文からわかる．また $\varphi(t)$ が単調増加であるという仮定でも，「右辺が積分可能なら等号が成り立つ」こともわかる．それなら最低限何を仮定すれば，この公式は成り立つのだろうか？

さんざん考えた結果は，どうやらまちがった結論に到達したらしい（正確に思い出せない）のでここでは述べないが，ここで「自分なりに，一生懸命考える楽しさ」を十分に味わった！

なお現在の版では「単調性が重要」という文言はばっさり削られて，「$f(x)$ および $\varphi'(t)$ の連続性の代わりに積分可能性と $\varphi(t)$ の単調性を仮定しても証明されるけれども，それは応用上の興味に乏しいから，ここでは述べない」という注釈が付け加えられているが，おもしろい「誘いの隙」が消え失せたようで，ちょっぴり残念である．

2 『コンピュータの数学』

Ronald L. Graham,
Donald E. Knuth,
Oren Patashnik 著
有澤誠,安村通晃,萩野達也,
石畑清 訳
共立出版
1993年

クヌース他『コンピュータの数学』

読みものとしても おもしろいのに,
実に深いところまで書いてあり
ます！

ずしりと重い，分厚い本である．薄手の受験対策本などに慣れている人には，近寄りがたいかもしれない．しかしこの本が分厚くなったのは，けっして「たくさんの知識を詰め込んだから」ではなく，読者が興味を持ちやすいように具体的な問題から始めて，少しずつ問題の意味に慣れさせ，ゆっくりと高いレベルに進んでゆくからで，「分厚い本のほうがわかりやすく，考え方が身につくのだ」ということを実際に読んで，体験していただきたいものだ，と思う．

この本は1970年に始まった，スタンフォード大学での講義（対象は3, 4年生と大学院生）をベースにしている．原題は，直訳すれば「具体的数学」（Concrete Mathematics）であるが，情報科学者である著者の一人クヌースが「自分が学生の時に教えてほしかったことを教えるために，このコースを始めた」と言って

いるし，情報科学でよく出会う問題が幅広く取り上げられているので，日本語の題名「コンピュータの数学」も不自然ではない．著者はみなその講義の担当者で，創始者クヌース，離散数学の大物グラハム，「楽しい入口の問題」などで講義の内容を大きくふくらませたパタシュニックの3人であるが，それぞれの長所がよく生かされていると思う．

この本の内容は，私の言葉でいうと①漸化式，②和，③整数論の初歩，④2項係数（組み合わせの数），⑤特殊な数（スターリング数，ベルヌーイ数ほか），⑥母関数，⑦離散的確率，⑧近似理論に及んでいて，③に2章を割り当てたほかは各テーマ1章ずつ，計9章で成り立っている．章ごとにたくさんの問題が，「準備」レベルから「研究課題」レベルまで挙げられていて，読者が興味と力に応じて選べるようになっている（ていねいな解答あるいはヒントもつけられている）．扱う問題は具体的でよく選ばれていて，たとえば第1章では「n 人が円形に並び，ある人から始めて k 番目ごとに外してゆくと，さいごに残るのは何番目の人か」という問題を扱うが，オリジナルの「ヨセフスの問題」では $k=3$，塵劫記にあり関孝和も扱った「継子立て」では $k=10$ であるけれど，ここでは $k=2$ として分析し，その結果，$k=3$ や 10 では成り立たないみごとな結果が次々と明らかにされる——$k=2$ を選んだのは，けっして偶然ではない！

母関数の章では，「ドミノの並べ方」から始まり，「ドミノの無限和」をとりあげながら母関数の概念を紹介し，さいごは指数型母関数による「自然数のべき乗和の，ベルヌーイ数による一般的な取扱い」にまで進んでしまうのだから，私にもとても勉強になった．

目先の「点数をあげる」ことに血眼になっている多くの現場（またそれを強いている教育行政）で，「エリートを育てる」どころか「ほんとうのエリートが殺されてしまう」のではないか，と私は恐れているが，そうなる前に，このような本が広く読まれ，若者の知的好奇心を刺激し，「わかる」ことの面白さを体験してくれればよいが，と私は切望している．

3 彌永昌吉
[数] 『数学者の20世紀
彌永昌吉のエッセイ集
1941-2000』
岩波書店，2000年

歴史的・数学的な大きな変動を乗り越えてこられた，良心的な数学者が見た20世紀．
塩野直道氏との往復書簡には，今は忘れられた戦時中の空気が，よく出ている．

4 彌永昌吉
[数] 『ガロアの時代　ガロアの数学　第一部，第二部』
（シュプリンガー数学クラブ），丸善出版，1999年，2002年

ガロアの時代と数学が，ていねいに語られている．最近のガロア理論の教科書では省かれていることもある「アーベルの補題」も，きちんと証明されている．

5 中村幸四郎
[数] 『近世数学の歴史　微積分の形成をめぐって』
日本評論社，1980年

通説がしばしば「あてにならない」ことがとてもよくわかる．ギリシャ語・ラテン語の原典を深く研究された成果から，「平面上の点の位置を，数のペアで表す」のはデカルトの発明ではないことを，はっきりと教えてもらえる．

6 志賀浩二
[数] 『数の大航海　対数の誕生と広がり』
日本評論社，1999年

「対数」の誕生は，「実数」の誕生にもつながり，複素解析によってすべての謎が解明される，大事件であった．原典を実によく調べ，オリエントやアラビアの数学の特色から，ネピアたちの努力，複素関数としての対数まで，ていねいに解説されている．

7 Constance Reid 著
[数] 彌永健一 訳
『ヒルベルト　現代数学の巨峰』
（岩波現代文庫），岩波書店，2010年

数学の意味と「何が重要か」が，誰よりもよくわかっていた数学者の，心躍る伝記．
数学の予備知識がなくても，おもしろく読めます．

8 森毅
[数] 『魔術から数学へ』
（講談社学芸文庫），講談社，1991年

知識の幅広さ・深さに驚き，鋭い観察に脳を活性化される．付録の村上陽一郎さんによる「解説に代えて」も，とてもいい！

9 結城浩
[代] 『数学ガール』
ソフトバンククリエイティブ，2007年

今さら宣伝の必要はないと思うが，よい本である．かなり高いレベルま

で，多くの人をひきつけられるところがすごい．今は何冊も出ているが，どれもおもしろい！

10 小林道正
数 『デタラメにひそむ確率法則　地震発生確率87％の意味するもの』
(岩波科学ライブラリー)，岩波書店，2012年

まじめで純粋な確率論の専門家が，「確率」概念の基礎からはじめて，豊富な資料で「地震調査委員会が発表してきた地震発生確率」の信頼性の乏しさを指摘する．

11 三浦俊彦
他 『論理パラドクス　論証力を磨く99問』
二見書房，2002年

常識的な世界からかけ離れた「論理的に可能な世界（ミウラ・ワールド）」を駆け巡る，刺激的な著書．同じ著者の『戦争論理学』，『ゼロからの論証』も，どれも刺激的．

12 柳沼重剛
他 『地中海世界を彩った人たち』
(岩波現代文庫)，岩波書店，2007年

名前だけは誰でも知っている有名人の性格を，ギリシャ・ローマの古典の深い知識から浮き彫りにしてくれる．著者独自の鋭い観察が，あちこちにみられる．

13 吉田直哉
他 『透きとおった迷宮』
文藝春秋，1988年

世界中を旅してきた人が，さらさらと書いている文章に，教養の「厚み」と，著者の人柄（ユーモアのセンスと，温かさ）がにじみ出ている．

14 秋葉忠利
他 『ヒロシマ市長　〈国家〉から〈都市〉の時代へ』
朝日新聞出版，2012年

マグサイサイ・平和国際理解賞，オットー・ハーン平和賞の受賞者でもある，秋葉・元広島市長が記した「新しい都市の時代」の提言．この暗い時代に，明るい希望の灯を掲げてくれます．

15 渡邉泉
他 『重金属のはなし　鉄，水銀，レアメタル』
(中公新書)，中央公論新社，2012年

地味な話かと思ったらとんでもない．「不老不死の薬」として水銀を飲まされて死んだ古代中国皇帝たち，「産業を環境に優先させる姿勢をどうしても転換できない」現代日本！　勉強になると同時に，考えさせられる本である．

	著者，訳者	書名，シリーズ名	出版社	刊行年	分野
1	高木貞治	定本 解析概論	岩波書店	2010	解
2	高木貞治	初等整数論講義 第2版	共立出版	1971	代
3	高木貞治	代数学講義 改訂新版	共立出版	1965	代
4	Richard Courant, Herbert E. Robbins Ian Stewart 改訂 森口繁一 監訳	数学とは何か	岩波書店	2001	数
5	彌永昌吉，小平邦彦	現代数学概説I (現代数学 1)	岩波書店	1961	数
6	Alfred Vaino Aho, John Edward Hopcroft, Jeffrey David Ullman 野崎昭弘，野下浩平	アルゴリズムの設計と解析I, II (サイエンスライブラリ情報電算機35)	サイエンス社	1977	数
7	Ronald L. Graham, Donald E. Knuth, Oren Patashnik 有澤誠，安村通晃，萩野達也，石畑清	コンピュータの数学	共立出版	1993	数
8	森口繁一	数値計算工学	岩波書店	1989	数
9	岩野和生	アルゴリズムの基礎――進化するIT時代に普遍な本質を見抜くもの (情報科学こんせぷつ)	朝倉書店	2010	数
10	G. T. Heineman, G. Pollice, S. Selkov 黒川利明，黒川洋	アルゴリズムクイックリファレンス	オライリー・ジャパン	2010	数
11	新井紀子，新井敏康	計算とは何か (math stories)	東京図書	2008	数
12	伊理正夫，藤野和建	数値解析の常識	共立出版	1985	解
13	浅野孝夫	情報数学 組合せと整数およびアルゴリズム解析の数学 (計測・制御テクノロジーシリーズ)	コロナ社	2009	数
14	山田裕	組み合わせ論プロムナード	日本評論社	2009	解
15	C. K. Caldwell SOJIN	素数大百科	共立出版	2004	代
16	高木貞治	近世数学史談 (岩波文庫)	岩波書店	1995	数
17	伊東俊太郎	ギリシア人の数学 (講談社学術文庫)	講談社	1990	数
18	中村幸四郎	近世数学の歴史――微積分の形成をめぐって	日本評論社	1980	数

	著者，訳者	書名，シリーズ名	出版社	刊行年	分野
19	森毅	魔術から数学へ (講談社学術文庫)	講談社	1991	数
20	志賀浩二	数の大航海 対数の誕生と広がり	日本評論社	1999	数
21	小平邦彦	ボクは算数しかできなかった (岩波現代文庫)	岩波書店	2002	数
22	彌永昌吉	ガロアの時代 ガロアの数学 第一部，第二部 (シュプリンガー数学クラブ)	丸善出版	1999 2002	数
23	彌永昌吉	数学者の20世紀 彌永昌吉エッセイ集 1941-2000	岩波書店	2000	数
24	Constance Reid 彌永健一	ヒルベルト 現代数学の巨峰 (岩波現代文庫)	岩波書店	2010	数
25	森口繁一	数理つれづれ	岩波書店	2001	数
26	小林道正	デタラメにひそむ確率法則 地震発生確率87%が意味するもの (岩波科学ライブラリー)	岩波書店	2012	数
27	結城浩	数学ガール	ソフトバンククリエイティブ	2007	代
28	木村俊一	算数の究極奥義教えます 子どもに語りたい秘法	講談社	2003	数
29	Peter Winkler 坂井公，岩沢宏和，小副川健	とっておきの数学パズル	日本評論社	2011	数
30	Peter Winkler 坂井公，岩沢宏和，小副川健	続・とっておきの数学パズル	日本評論社	2012	数
31	白川静	常用字解	平凡社	2003	他
32	勝俣銓吉郎 編	新英和活用大辞典	研究社	1958	他
33	会田雄次	アーロン収容所 (中公新書)	中央公論社	1973	他
34	飯田進	地獄の日本兵 (新潮新書)	新潮社	2008	他
35	内村剛介	生き急ぐ (講談社文芸文庫)	講談社	2008	他
36	吉田満	戦艦大和ノ最期 (講談社文芸文庫)	講談社	1994	他
37	安野光雅	旅の絵本Ⅰ〜Ⅶ	福音館	1977	他

	著者，訳者	書名，シリーズ名	出版社	刊行年	分野
38	安野光雅	村の広場	朝日新聞社	2002	他
39	安野光雅	天は人の上に人をつくらず	童話屋	2001	他
40	安野光雅	わが友の旅立ちの日に	山川出版社	2012	他
41	柳瀬尚紀	翻訳困りっ話 （河出文庫）	河出書房新社	1992	他
42	柳瀬尚紀	猫舌流　英語練習帳 （平凡社新書）	平凡社	2001	他
43	柳瀬尚紀	言の葉三昧	朝日新聞社	2003	他
44	香山リカ	〈私〉の愛国心 （ちくま新書）	筑摩書房	2004	他
45	香山リカ	いまどきの「常識」 （岩波新書）	岩波書店	2005	他
46	香山リカ，菊池誠	信じぬ者は救われる	かもがわ出版	2008	他
47	香山リカ	「独裁」入門 （集英社新書）	集英社	2012	他
48	吉田直哉	透きとおった迷宮	文藝春秋	1988	他
49	柳沼重剛	地中海世界を彩った人たち （岩波現代文庫）	岩波書店	2007	他
50	秋葉忠利	ヒロシマ市長　〈国家〉から〈都市〉の時代へ	朝日新聞出版	2012	他
51	三浦俊彦	ラッセルのパラドックス （岩波新書）	岩波書店	2005	他
52	三浦俊彦	論理サバイバル　議論力を鍛える108問	二見書房	2003	他
53	三浦俊彦	論理パラドックス　論証力を磨く99問	二見書房	2002	他
54	三浦俊彦	ゼロからの論証	青土社	2006	他
55	安西祐一郎	心と脳　認知科学入門 （岩波新書）	岩波書店	2011	他
56	Roelof Houwink 金子務	おかしなデータブック （エピステーメー叢書）	朝日出版社	1978	他
57	渡邉泉	重金属のはなし　鉄，水銀，レアメタル （中公新書）	中央公論新社	2012	他
58	福岡伸一	生物と無生物の間 （講談社現代新書）	講談社	2007	他

	著者, 訳者	書名, シリーズ名	出版社	刊行年	分野
59	長谷川真理子	クジャクの雄はなぜ美しい？ 増補改訂版	紀伊國屋書店	2005	他
60	村山斉	宇宙はほんとうにひとつなのか (講談社ブルーバックス)	講談社	2011	他
61	平井和正 永井豪 イラスト	超革命的中学生集団 (ハヤカワ文庫)	早川書房	1974	他
62	東野圭吾	あの頃ぼくらはアホでした (集英社文庫)	集英社	1998	他
63	森博嗣	笑わない数学者 (講談社文庫)	講談社	1999	他
64	Donald Ervin Knuth 好田順治	超現実数	海鳴社	1978	数
65	塚崎朝子	いつか罹る病気に備える本 (講談社ブルーバックス)	講談社	2012	他
66	小林道正	地震発生確率の怪「地震予知」 にだまされるな	明石書房	2012	数
67	野崎昭弘	アルゴリズムと計算量 (計算機科学／ソフトウェア技術講座)	共立出版	1987	数
68	野崎昭弘	不完全性定理 (ちくま学芸文庫)	筑摩書房	2006	数
69	野崎昭弘	詭弁論理学 (中公新書)	中央公論社	1976	数
70	野崎昭弘	逆説論理学 (中公新書)	中央公論社	1980	数
71	野崎昭弘	πの話 (岩波現代文庫)	岩波書店	2011	数
72	安野光雅	10人のゆかいなひっこし (美しい数学)	童話屋	1981	数
73	森毅 安野光雅 絵	すうがく博物誌 上・下 (美しい数学)	童話屋	1995	数
74	安野雅一郎 安野光雅 絵	壺の中 (美しい数学)	童話屋	1982	数
75	野崎昭弘 文 安野光雅 絵	赤いぼうし (美しい数学)	童話屋	1984	数
76	森毅 安野光雅 絵	3びきのこぶた (美しい数学)	童話屋	1985	数
77	安野光雅	ふしぎなたね (美しい数学)	童話屋	1992	数
78	野崎昭弘 タイガー立石 イラスト	アナログ？ デジタル？ ピンポーン！	福音館	1994	数

	著者, 訳者	書名, シリーズ名	出版社	刊行年	分野
79	野崎昭弘	はじまりの数学 (ちくまプリマー新書)	筑摩書房	2012	数
80	Douglas R. Hofstadter 野崎昭弘, 柳瀬尚紀, はやしはじめ	ゲーデル, エッシャー, バッハ	白揚社	2005	他
81	姉歯暁	豊かさという幻想 「消費社会」批判	桜井書店	2013	他

09

Yoichiro TAKAHASHI

髙橋陽一郎
東京大学・京都大学名誉教授

とくに統計力学に関連する諸問題に興味をもち，
エントロピーや大偏差原理を共通のキーワードとして，
これまで確率過程やカオス力学系などを研究してきた．
ともかく書いてみた．

数 幾 **解** 代 他

1

『Integration in Function Spaces and Some of Its Applications
(関数空間における積分とその若干の応用)』

Mark Kac 著
(Lezioni Fermiane)
Accademia Nazionale dei Lincei,
Scuola Normale Superiore di Pisa
1980年

積分の高嶺からの眺望——幾度目を見開かされ,勇気づけられ,また,癒されたことか…

　ブラウン運動に基づく確率や期待値は関数空間における積分表示であることを最初に認識し,いわゆるFeynman—Kacの公式を導いたのがマーク・カッツであった.この格調高いFermi記念講演の講義録はわずか82ページであるが,ウィーナー測度の構成に始まり,ポテンシャル論との関係から,シュレディンガー方程式の固有値の漸近分布,散乱距離と容量,Feynmanの経路積分,量子力学の半古典論,さらに長時間漸近挙動に関する大偏差原理に至るまでが凝縮されて眺望されている.
　カッツの数学は,数論,解析学から統計物理に渡る諸問題の本質を見抜いて数学の問題として定式化する卓越した能力と抜群の計算力に裏付けられている.他方,理論体系を作らなかった人であり,確率微分方程式を使わなかった人でもある.その意

味でも稀有で魅力あふれる数学者であり，本書では，物理的に意味のあるのは確率分布と平均量であるという信念のもとに，物理の多くの問題を固有関数展開の問題に帰着させて解いて見せている．その着想と計算の見事さ，そして見識の広さは，折に触れて読み直すたびに何か新しい発見がある．

カッツは，1914年「8月の砲声」の中に生まれたユダヤ系ポーランド人であり，ルヴォウ（Lwów）大学でHugo Steinhausの指導のもとで1937年に博士号を取得した．志賀浩二著『無限からの光芒』（日本評論社）では叙述されていないが，当時のポーランドは「目覚めの時代」であり，M. Smouchovskiが物理学への新たな関心を呼び起こして数学を活性化し，ワルシャワではW. Sierpinski，ルヴォウではH. Steinhausがその中心にいた．翌1938年に渡米，1939年にCornell大学に職を得て，1943年からはMITの物理学者G. Uhlenbeckと直に交流する．

1961年から1981年まではRockefeller大学，晩年はSouth California大学で過ごし，1984年10月に他界した．

カッツの名前は，他にもErdös–Kacの定理，Beuring–Kac模型などで有名であるが，"Can one hear the shape of a drum？"（太鼓の形を聴けるか？）の表題だけ見ても，本質を捉えた言葉は素晴らしく，人を魅了する力がある（『漸近挙動入門』，日本評論社参照）．しかし，例えば"Statistical Independence in Probability, Analysis and Number Theory"（『カッツ：統計的独立性』，数学書房）のような啓蒙的な講義録にさえ鋭く深い思想が含まれ，多くの著書や講演ではときにその舌鋒は辛辣でさえある．「民族を，国を，家族を後に残して（幸運にも命拾いして）真理を探究した」（自伝 "Enigma of chance"，1985参照）ゆえの厳しさと激しさであったのかもしれない．

数 幾 解 代 他

2 『フーリエ解析大全 (Fourier Analysis)』上・下

K. W. Körner 著
髙橋陽一郎 監訳
朝倉書店
1996年

ジャンブルの おしゃべりな 数学書
・数学者たちの試行錯誤
・ナポレオンと数学
・海底電線とケルヴィン

数学と諸科学や産業との連携，数学的革新の探索などという言葉が目立つようになった昨今，改めてこの本を紹介したくなった．かつて東京大学教養学部基礎科学科において2年後半以後のいろいろな学期のセミナーでそれぞれに原著の一部を選んでテキストとして使ってみたところ学生たちに好評で，周辺にいた人たちの協力を得て訳出した本である．

まずは数学のおもしろさ，とくにエレガントだが難しそうな定理が微分積分と線型代数といくらかの集中力でわかること，つぎにその数学が形作られるまでの試行錯誤の歴史，そして当時の物理学や実社会と数学や数学者の関わり方に関する数々のエピソード，これらに初めて触れあるいは知ったことが学生諸君を惹きつけたのだろうと思う．

J. フーリエとナポレオンに関するエピソードも興味深いが，19世紀中

葉の鉄道と電信と銅の純度と偏微分方程式の関わりなどはきわめて示唆的である．フーリエ解析を学びたい学生諸君に留まらず，数学という学問の社会的な在り方に興味ある諸氏に一読を進めたい本である．証明などは読み飛ばして構わない．

かつて仙台がフーリエ解析研究の世界的な中心地のひとつであったにもかかわらず，いまの日本ではフーリエ解析の世界をゆっくりと学ぶ機会は滅多にない．物理や工学では偏微分方程式などを解くための強力な手法として学ぶのみであろうし，数学科ではルベーグ積分論や超関数やヒルベルト空間などを学んだ後の応用例としてフーリエ級数が顔を出す程度のことが多い．

私自身がこの本に出遭って興味を持ったのは二つの意外性にあった．ひとつには，かくもお喋りな数学書が出版されていたことであり，もうひとつには，これがジョンブル流の数学，さすが産業革命の起こった経験主義の国の数学書かと驚いたことであった．

多弁さについては当初，全寮制のカレッジで週一夜くらい有志を募って歓談している風景を想像した．のちに英国王立協会主催の Christmas Lecture が季節外れに日本で開催されたとき，ほんの少しだけ間接的にお手伝いしたが，その広範で精緻な資料収集の仕方をみて，英国では啓蒙活動（現在の業界用語でいえばアウトリーチ活動）の伝統がケルヴィン卿の時代から脈々と受け継がれていることを知った．その講義は聴講できず残念であった．

数 幾 解 代 他

3

『初等幾何学』／『微分積分学Ⅰ，Ⅱ』

寺阪英孝 著／
宇野利雄，鈴木七緒，安岡善則 著
（数学演習講座），共立出版
1956／1957年

手を動かして 初めて見えてくる
数学がある

章ごとに，最初に主要な定義や定理がまとめられていて，次に例題があり，一部の定理は例題の解として証明が書いてある．その後に多くの問題が並んでいて，最後に略解が載っているという形式が基本の全13巻の数学演習講座である．中でも，歴史の厚みのためだろうか，この3巻はよく編まれていた．

『微分積分学Ⅰ，Ⅱ』については，1823年のコーシーの著書（小堀憲訳『コーシー微分積分学要論』，現代数学の系譜1，共立出版，1969）以来の伝統があり，その内容は想像が付くと思う．『初等幾何学』は平面幾何，立体幾何に加えて球面幾何から射影幾何に及び，末尾には未解決問題に触れられている．

この講座に出遭ったのは偶然であった．そこには中高の教科書には書かれていない世界への拡がりがあり，易しい問題から順に解いていくと，

知らなかった世界の問題も解けるようになり，その世界に直に触れたという実感が持てた．次第におもしろくなって，問題を片端から解いた．1週間ほどかかって証明法を発見できたときなどは本当に嬉しかった．

その中で，「長方形の周上または内部で2点を結ぶ直線を引くだけという制約のもとに，辺の中点を作図せよ」と「関数 $f(x)$ が2回連続微分可能のとき，平均値の定理 $f(a+h)-f(a)=hf'(a+\theta h)$ において，$\lim_{h\to 0}\theta=1/2$ を示せ」の2題は新鮮で，いまも記憶に鮮明である．

どういう形で数学に触れるかは人さまざまであろうと思うが，私は問題や計算から入ったのだと今は思う．理論は土俵となる対象を知らなければ空虚である．論語の「学而不思則罔，思而不学則殆」が喩えになるかはさておき，類比として用いれば，理論を学ぶだけでは殆く，計算法を習得し，問題を解くだけでは罔い．

幸いなことに他方で，ポリア著『数学的発見はいかになされるか』，丸善などに神保町で出遭えた．数え上げの問題を漸化式を立て母関数を作って解く方法には魅せられた．高2のときにはM先生が高木貞二著『解析概論』，岩波書店を奨めてくれた．当時，博士課程在学の非常勤講師の授業は退屈極まりなく，『演習講座』の問題解きの内職を常としていた．それが発覚したときの助言であった．当時は気付けなかったが，その偉さに頭が下がる．感謝！　陳謝！

近年は大学の教員も学生も忙しくなったためか，数学の新刊本の数は増えても，その中に演習書はほとんど見当たらなくなった．この講座もいまは入手が困難なようである．それに留まらず，今回推薦した良書の多くが絶版（正しくは，品切れ？）となっていたのは悲しかった．何とかならないものだろうか．

4 ウラジミル・イワノビッチ・スミルノフ 著
[数] 彌永昌吉，菅原正夫，三村征雄，河田敬義，福原滿洲雄，吉田耕作 翻訳監修
『スミルノフ高等数学教程』（全12巻）
共立出版，1958-1962年

方程式の導出から数学を展開している教程は他に類を見ない．ただし，私は拾い読み．

5 山内恭彦
[解] 『物理数学』
岩波書店，1963年

定義が直観とまだ結びつかなかった頃，線型写像や固有値の意味などを学んだ．

6 森毅
[解] 『現代の古典解析　微積分基礎課程』
（ちくま学芸文庫），筑摩書房，2006年

教養の微分積分の意味を一刀両断．何を学んでいるか迷ったら，一読を．

7 Michael Spivak 著
[解] 齋藤正彦 訳
『スピヴァック　多変数の解析学―古典理論への現代的アプローチ　新装版』
東京図書，2007年

3次元空間でのベクトル解析は高次元での解析に自然に拡張される．

8 神保道夫
[解] 『複素関数入門』
（現代数学への入門），岩波書店，2003年

研ぎ澄まされた入門書．最小限の骨子を最短の論理で展開．

9 髙橋陽一郎
[解] 『微分方程式入門』
東京大学出版会，1988年

教養としての微分方程式．力学系の視点を取り入れ，例や問を諸科学に背景をもつものから選んだ．

10 Lev Davidovich Landau, Evgeny Mikhailovich Lifshitz 著
[解] 広重徹，水戸巌 訳
『力学　増訂第3版』
（ランダウ＝リフシッツ理論物理学教程），東京図書，1974年

解析力学は微分幾何学や解析学者の教養．英訳第1版はフリー・アクセス．

11 William Feller 著
[解] 河田龍夫 監訳，卜部舜一 訳
『確率論とその応用I 上・下』
紀伊國屋書店，1960年

初心者向け入門書の不朽の名著．が，研究者の眼で読み直すと，立ち停まることもある．
蛇足：フラクタルで有名なMandelblotの名前が脚注にある．

12 松島与三
[幾] 『多様体入門』
（数学選書5），裳華房，1965年

当時唯一の教科書．いまは坪井俊氏

の親切な入門書『幾何学I　多様体入門』(大学数学の入門，東京大学出版会) もある.

13 杉原正顕，室田一雄
[解] 『数値計算法の数理』
岩波書店，1994年

著者たちの見識の確かさが信頼でき，"数学者にわかる"数値計算法の本である.

14 寺沢寛一
[数] 『自然科学者のための数学概論』
岩波書店，1960年

手法の辞典のようだが，物理学や工学での数学とその理解の仕方に関して多くを学べる.

15 長野正
[幾] 『曲面の数学』
培風館，2000年

『大域変分法』(共立講座　現代の数学17)，共立出版なども著したダンディーな著者がその真髄を書いたおしゃれな本.

16 Vladimir Igorevich Arnol'd, A. Avez 著
[解] "Ergodic Problems of Classical Mechanics"
Benjamin, 1968年

吉田耕作 訳
『古典力学のエルゴード問題 POD版』
吉岡書店，2004年

力学系・エルゴード理論を理解したければ必読の名著.

17 斎藤利弥
[解] 『解析力学入門』
至文堂，1964年

30代半ばだった著者の情熱が迸る. 力学系ということばはまだ馴染みが薄かった.

18 Winfried Scharlau, Hans Opolka 著
[数] "From Fermat to Minkovski"
Springer Verlag, 1985年

志賀弘典 訳
『フェルマーの系譜　数論における着想の歴史』
日本評論社，1994年

歴史に沿いつつ4人の数学の展開を描き出した美しい数学書. 原題のほうが好きである.

19 志賀浩二
[数] 『無限からの光芒』
日本評論社，1988年

ポーランド侵攻までのわずか20年間にポーランド学派は無限を数学の掌中に収めていく.

20 Keith Devlin 著
[数] 原啓介 訳
『世界を変えた手紙―パスカル，フェルマーと〈確率〉の誕生』
岩波書店，2010年

古典確率論の産声を往復書簡から読み解く. 装丁も文章も美しい.

21 代
Julius Wilhelm Richard Dedekind 著
河野伊三郎 訳
『数について　連続性と数の本質』
(岩波文庫), 岩波書店, 1961年

緻密に構築された論理の展開は推理小説より迫力があった．1つ"☆"だったのに読むのに一ヶ月かかった．

22 解
Pierre-Simon Laplace 著
伊藤清, 樋口順四郎 訳
『確率の解析的理論』
(現代数学の系譜), 共立出版, 1986年

古典確率論の集大成．「解析」とは微分積分である．「ラプラスの方法」はいまも生きている．

23 解
Henri Leon Lebesgue 著
吉田耕作, 松原稔 訳
『積分，長さおよび面積』
(現代数学の系譜), 共立出版, 1969年

難しさと強力さをもたらした思想は創始者に聞くとよい．

	著者, 訳者	書名, シリーズ名	出版社	刊行年	分野
1	吉田洋一	零の発見―数学の生い立ち 改版 (岩波新書)	岩波書店	1986	数
2	寺阪英孝	初等幾何学 (数学演習講座)	共立出版	1956	幾
3	宇野利雄, 鈴木七緒, 安岡善則	微分積分学Ⅰ, Ⅱ (数学演習講座)	共立出版	1957	解
4	福田安蔵, 鈴木七緒, 安岡善則, 黒崎千代子	詳解 微積分演習Ⅰ, Ⅱ (大学課程数学演習シリーズ)	共立出版	1960 1963	解
5	高木貞治	定本 解析概論	岩波書店	2010	解
6	George Polya 柴垣和三雄	数学における発見はいかになされるかⅠ 帰納と類比	丸善出版	1959	数
7	Julius Wilhelm Richard Dedekind 河野伊三郎	数について 連続性と数の本質 (岩波文庫)	岩波書店	1961	代
8	高木貞治	数の概念	岩波書店	1949	代
9	ヴィノグラードフ 三瓶与右衛門, 山中健	復刊 整数論入門	共立出版	2010	代
10	Rene Descartes 谷川多佳子	方法序説 (岩波文庫)	岩波書店	1997	他
11	福永光司	荘子 (内編), (外編), (外編・雑編)	朝日新聞出版局	1987	他
12	諸橋徹次	荘子物語 (講談社学術文庫)	講談社	1988	他
13	Antoine de Saint-Exupery 内藤濯	星の王子様 オリジナル版	岩波書店	2000	他
14	佐武一郎	線型代数学 増補改題版 (数学選書1)	裳華房	1974	代
15	齋藤正彦	線型代数入門	東京大学出版会	1966	代
16	山内恭彦	物理数学	岩波書店	1963	解
17	ウラジミル・イワノビッチ・スミルノフ 彌永昌吉, 菅原正夫, 三村征雄, 河田敬義, 福原満洲雄, 吉田耕作 翻訳監修	スミルノフ高等数学教程(全12巻)	共立出版	1958 – 1962	数
18	山内恭彦, 杉浦光男	連続群論入門 新装版 (新数学シリーズ)	培風館	2010	代
19	ポントリャーギン 柴岡泰光, 杉浦光夫, 宮崎功	連続群論 上	岩波書店	1957	代

	著者，訳者	書名，シリーズ名	出版社	刊行年	分野
20	杉浦光夫	解析入門Ⅰ，Ⅱ	東京大学出版会	1980 1985	解
21	William Feller 河田龍夫 監訳 卜部舜一 訳	確率論とその応用Ⅰ上・下	紀伊國屋書店	1960	解
22	P. Lax はしがき，Richard Courant, David Hilbert 藤田宏，高見穎郎，石村直之	数理物理学の方法　上	丸善出版	2013	解
23	寺沢寛一	自然科学者のための数学概論	岩波書店	1960	数
24	John von Neumann, Oskar Morgenstern 銀林浩，橋本和美，宮本敏雄，阿部修一	ゲームの理論と経済行動 （ちくま学芸文庫）	筑摩書房	2011	他
25	二階堂副包	現代経済数学における数学的方法──位相数学による分析入門	岩波書店	1960	他
26	Paul A. Samuelson, William D. Nordhaus 都留重人	サムエルソン経済学　上・下	岩波書店	1992	他
27	国沢清典，梅垣寿春 編	情報理論の進歩──エントロピー理論の発展	岩波書店	1965	他
28	Michael Spivak 齋藤正彦	スピヴァック　多変数の解析学──古典理論への現代的アプローチ　新装版	東京図書	2007	解
29	森毅	現代の古典解析　微積分基礎課程 （ちくま学芸文庫）	筑摩書房	2006	解
30	Ernest Hairer, Gerhard Wanner 蟹江幸博	解析教程　新装版　上・下	丸善出版	2006	解
31	Lars Valerian Ahlfors 笠原乾吉	複素解析	現代数学社	1982	解
32	Henri Cartan 高橋禮司	複素函数論	岩波書店	1965	解
33	神保道夫	複素関数入門 （現代数学への入門）	岩波書店	2003	解
34	ポントリャーギン 千葉活裕	常微分方程式　新版	共立出版	1968	解
35	福原満州雄	常微分方程式　第2版 （岩波全書）	岩波書店	1980	解

	著者，訳者	書名，シリーズ名	出版社	刊行年	分野
36	Vladimir Igorevich Arnol'd, A. Avez 安藤韶一，蟹江幸博，丹羽敏雄	古典力学の数学的方法	岩波書店	2003	解
37	Lev Davidovich Landau, Evgeny Mikhailovich Lifshitz 広重徹，水戸巌	力学　増訂第3版 (ランダウ=リフシッツ理論物理学教程)	東京図書	1974	解
38	斎藤利弥	解析力学入門	至文堂	1964	解
39	彌永昌吉，小平邦彦	現代数学概説I (現代数学1)	岩波書店	1961	数
40	河田敬義，三村征雄	現代数学概説II	岩波書店	1965	数
41	Nicolas Bourbaki 前原昭二 担当編集	集合論　1-3，要約 (ブルバキ数学原論)	東京図書	1969	数
42	Nicolas Bourbaki 森毅 担当編集	位相　1-5，要約 (ブルバキ数学原論)	東京図書	1968	数
43	松島与三	多様体入門 (数学選書5)	裳華房	1965	幾
44	長野正	曲面の数学	培風館	2000	幾
45	久賀道郎	ガロアの夢　群論と微分方程式	日本評論社	1968	数
46	John Willard Milnor 志賀浩二	モース理論　POD版	吉岡書店	2004	幾
47	Kosaku Yosida	Functional Analysis	Springer	1998	解
48	Andrey Nikolaevich Kolmogorov, Dmitri Fomin 山崎三郎，柴岡泰光	函数解析の基礎　原書第4版　上・下	岩波書店	1979	解
49	Laurent Schwartz 岩村聯，石垣治夫，鈴木文夫	超関数の理論　原書第3版	岩波書店	1971	解
50	溝畑茂	積分方程式入門（復刊）	朝倉書店	2004	解
51	伊藤清	確率過程	岩波書店	2007	解
52	丸山儀四郎	確率論 (現代数学講座)	共立出版	1957	解
53	十時東生	復刊　エルゴード理論入門	共立出版	2009	解
54	Patrick Billingsley 渡辺毅，十時東生	確率論とエントロピー　エルゴード理論と情報量 (数学叢書4)	吉岡書店	1968	解
55	豊田利幸，碓井恒丸，湯川秀樹	古典物理学II (新装版　現代物理学の基礎)	岩波書店	2011	他

	著者, 訳者	書名, シリーズ名	出版社	刊行年	分野
56	戸田盛和, 斎藤信彦, 久保亮五, 橋爪夏樹	統計物理学 （新装版 現代物理学の基礎）	岩波書店	2011	他
57	Lev Davidovich Landau, Evgeny Mikhailovich Lifshitz 小林秋男, 小川岩雄, 富永五郎, 浜田達二, 横田伊佐秋	統計物理学 上・下	岩波書店	1957	他
58	杉原正顕, 室田一雄	数値計算法の数理	岩波書店	1994	解
59	室田一雄	離散凸解析 （現代数学の潮流）	共立出版	2001	解
60	Nicolas Bourbaki 小針（日見）宏 担当編集	位相線型空間 1, 2, 要約 （ブルバキ数学原論）	東京図書	1968	数
61	Nicolas Bourbaki 柴岡泰光 担当編集	積分 1–5 （ブルバキ数学原論）	東京図書	1968	解
62	Winfried Scharlau, Hans Opolka	From Fermat to Minkovski	Springer Verlag	1985	数
63	Winfried Scharlau, Hans Opolka 志賀弘典	フェルマーの系譜 数論における着想の歴史	日本評論社	1994	数
64	志賀浩二	無限からの光芒	日本評論社	1988	数
65	Galileo Galilei 今野武雄, 日田節次	新科学対話 （岩波文庫）	岩波書店	1995	他
66	Sir Isaac Newton 岡邦雄	自然哲学の数学的原理	春秋社	1930	他
67	Sir Isaac Newton 河辺六男	ニュートン（プリンキピア） （世界の名著 31）	中央公論社	1979	他
68	Pierre-Simon Laplace 伊藤清, 樋口順四郎	確率の解析的理論 （現代数学の系譜）	共立出版	1986	解
69	Jules-Henri Poincaré 福原満州雄, 浦太郎	常微分方程式 （現代数学の系譜）	共立出版	1970	解
70	Henri Leon Lebesgue 吉田耕作, 松原稔	積分，長さおよび面積 （現代数学の系譜）	共立出版	1969	解
71	物理学史研究刊行会 編纂 佐光興亜	気体分子運動論 （物理学古典論文叢書）	東海大学出版会	1971	他
72	物理学史研究刊行会 編纂 恒藤敏彦	統計力学 （物理学古典論文叢書）	東海大学出版会	1970	他
73	湯川秀樹 監修 中村誠太郎, 谷川安孝, 井上健 訳編	アインシュタイン選集 I	共立出版	1971	他

	著者，訳者	書名，シリーズ名	出版社	刊行年	分野
74	Paul Adrien Maurice Dirac 朝永振一郎，玉木英彦，木庭二郎，大塚益比古	量子力學	岩波書店	1954	他
75	髙橋陽一郎	微分方程式入門	東京大学出版会	1988	解
76	髙橋陽一郎	力学と微分方程式	岩波書店	2004	解
77	髙橋陽一郎	微分と積分 2 —多変数への広がり	岩波書店	2003	解
78	髙橋陽一郎	変化をとらえる (math stories)	東京図書	2008	数
79	池田信行，小倉幸雄，髙橋陽一郎，眞鍋昭治郎	確率論入門 I (確率論教程シリーズ)	培風館	2006	解
80	K. W. Körner 髙橋陽一郎 監訳	フーリエ解析大全 上・下	朝倉書店	1996	解
81	K. W. Körner 髙橋陽一郎 監訳	フーリエ解析大全 演習編 上・下	朝倉書店	2003	解
82	Mark Kac 髙橋陽一郎 監修・訳 中嶋眞澄 訳	Kac 統計的独立性	数学書房	2011	解
83	髙橋陽一郎 編	伊藤清の数学	日本評論社	2011	数
84	有馬朗人 著者代表	東京大学公開講座 53 混沌	東京大学出版会	1991	他
85	Mark Kac	Integration in Function Spaces and Some of Its Applications	Pisa	1980	解
86	Vladimir Igorevich Arnol'd, A. Avez	Ergodic Problems of Classical Mechanics	Benjamin	1968	解
87	Vladimir Igorevich Arnol'd, A. Avez 吉田耕作	古典力学のエルゴード問題 POD 版	吉岡書店	2004	解
88	Keith Devlin 原啓介	世界を変えた手紙 パスカル，フェルマーと〈確率〉の誕生	岩波書店	2010	数

10

Kenji FUKAYA

深谷賢治

サイモンズ幾何・物理センター
ニューヨーク州立大学ストーニーブルック校

数学者の仕事の最終生産物は何かと考えると，定理とか知識とか言うべきかもしれませんが，それは，やはり空中に浮いたような存在で，具体的な「もの」というと，紙に印刷された論文とか，本とかでしょう．ここに並んでいるリストの本は，数学者達の人生そのものなのだと思います．

1 『復刊 微分位相幾何学』

足立正久 著
共立出版
1999年

私がこの本を読んだのはずいぶん昔で，長く絶版でしたが，最近復刊されたようです．この本は薄いのですが，内容は大変豊富かつ高度です．60年代の微分位相幾何学が雰囲気も含めてよくわかります．足立正久氏のセンスの良さが感じられます．

足立氏は京都大学で長く微分位相幾何を研究されていた方で，この本の他にも，『埋め込みとはめ込み』（岩波書店，数学選書）も優れた本です．

この本には，横断正則性定理，ファイバー束の理論の概要，同境理論の主定理（多様体を同境という荒い基準で分類した全体をトム空間のホモトピー群で計算する）など重要な結果が要領よくおさめてあります．

横断正則性定理とファイバー束の理論（たとえばこの本でも強調されている被覆ホモトピー定理）には，局

所座標ごとにものを順番に作っていく,というテクニックが,共通のそして主要な手法になっています.微分位相幾何学(あるいは多様体論といっても良いかもしれません)の基礎には,このテクニックがあって,泥臭いのですが,それをやらないと微分位相幾何学は確立しません.本によっては,その「泥臭い」ところを上手く隠して,「奇麗に」証明しているのもあるのですが,じつはそうしてしまうと,新しい状況で使うのにかえって不便だったりします.また,微分位相幾何学の基礎を深く理解するには,その,「局所座標ごとにものを順番に作っていく」泥臭いところを理解するのが不可欠です.

横断正則性定理のこの証明はルネ・トムの源論文である,「Quelques propriétés globales des variétés differentiable, 微分可能多様体のいくつかの大域的な性質」にある方法と思われます.実はこの論文は読み易くないという点でも有名な論文のようで,多分細部を書ききるのが,この手法だと,困難なのだと思います.ただし,この本の証明はしっかりと厳密にしかも理解し易く書いてあります.それは著者の優れた書き方によるものでしょう.

この基礎ができると,そこから一気に華麗なアイデアをへて同境理論の主定理が証明されます.ここでは,この本は歴史に関わる記述などもあって,いろいろと楽しませてくれます.(ただし代数的位相幾何に関わる部分の証明は詳しくはついていません.)

多様体のホモロジー群の元が部分多様体で実現されるための条件の特徴付け(シュティーンロッドの問題の解決)など,あまり他の本には書いていないことも説明されているし,特異点理論の初歩も書かれています.

足立氏はトムのファンだったように思え,微分位相幾何学の創始者(の一人)であるトムの精神がこの本にはよく現れています.

微分位相幾何の入門書に好適だと思います.

数 幾 解 代 他

2 『無限からの光芒』

志賀浩二 著
日本評論社
1988年

志賀浩二氏には優れた数学読み物が多くあります.『集合・位相・測度』(朝倉書店),『数の大航海』(日本評論社) なども優れていますが, 私はこの本が最高傑作だと思っています. この本には集合や位相といった20世紀の数学を生んだ基本概念が生き生きと描き出され, それが, 無味乾燥な抽象概念とは全く違った, 生きた数学の思考が生んだものである事がまざまざとわかります.

この本の副題は「ポーランド学派の数学者たち」といって, 20世紀前半ポーランドに現れた一群の数学者たち, 集合論や位相空間論から始まり, 関数解析学の創始に関わり, 独特の数学を作った人々を題材にしています.

私は, 今から25年以上前27歳だった頃, Wrocław というポーランドの町を, 11月の寒い時期に訪れた

ことがあります．この本の登場人物の一人でもあるシュタインハウスがいた町で，古い大学がありました．第2次世界大戦終了後ソ連によってドイツ領からポーランド領にかえられた町で，ポーランド領からソ連領にかえられたルヴォフの町（その話はこの本にでてきます）から大学がそっくり移動して来た大学です．私がこの町を訪れた当時，すんでいたボンの町から冷戦時代の東側への旅行はなかなか大変でした．寝台もない列車の旅で，列車は5時間以上も遅れ，24時間近くかかりました．東西ドイツの国境で，係官がいきなりいすの下の木の板をはがして，なかに人が隠れていないか探し始めたのには驚きました．

当時のポーランドの数学にもまだ少しは昔のポーランド学派の雰囲気が感じられました．なんとなく暖かい雰囲気がする町もとても気に入りました．

数年前にはイスラエルとポーランドの数学会の共同研究会に招待してもらってポーランド（のウッジという町）に行きました．ポーランドの数学にはユダヤ系の影響が強いせいか，定期的に共同の研究会があるようです．そこでは，日本の数学とは違ったタイプの数学のおもしろい講演が多くありました．

超越的な数学と組み合わせ的な数学，そして概念の上に概念を高度に積み重ねる（たとえばフランス流の）数学とは反対の素朴な問題に直結する数学があって，それらの不思議な関わりが印象的でした．具体的な問題といっても，その登場人物は日本でよく見聞きするのとだいぶ違うのです．ポーランド学派はその底の方で生きていると感じました．

21世紀になって，かわっていくだろう数学の将来を考えるのにも，この本のように，20世紀数学の原点からそれぞれ自分の立場で，もう一度しっかり考えていくことが大切なのだろうと思います．

数 幾 解 代 他

3
『シュヴァレー リー群論』

Claude Chevalley 著
齋藤正彦 訳
(ちくま学芸文庫), 筑摩書房
2012年

私はこの本の英語版で多様体を勉強しました．日本語になってより近づきやすくなったしお薦めです．多様体だけ勉強するより，この本を一緒によんだほうが面白さがわかるかもしれません．

この本が書かれた頃には，まだ多様体の教科書はあまりなかったのではないでしょうか．今では多様体の教科書はいっぱいでていて，いろいろ選ぶことができます．また，その基本的な部分を記述するやり方も，標準的な方法が確立してきています．

一方で，多様体の教科書には定義ばかりでてきて，全部読んでも，果たしてこれで何ができるのか，何処が面白いのか，分かりづらいという側面があります．1冊読んでも，これは凄いという大定理がなかなかでてこないのです．（たとえば，複素関数論を読めばコーシーの積分定理と

か留数定理とかすぐでてくるし，抽象代数の本を読めばガロア理論の主定理は凄いと感じる定理でしょう．）多様体の講義は何回もやりましたが，いつもそれが悩ましい点です．これは，現代幾何学（あるいは現代数学）の言葉としての多様体論の位置づけからしかたがないともいえます．とはいっても，わたしのようなせっかちな人間には，いったい何に使うのか，というのを知りながら勉強する方が，面白くまた分かりやすいと思われます．リー群の初歩が多様体論と一体化して書いてあるこの本は，その意味では，多様体論の勉強にも良いのではないかと思います．

多様体の記述のスタンダードが多分決まる前の本で，その意味でも少し現在の本とは違うかもしれません．ただし，書き方は古くさくなく，大変現代的です．ブルバキの代表メンバーの一人であるシュバレーの書きっぷりは，大変厳密，明快，かつ緻密で丁寧です．

この本の多様体の微分構造の定義は普通と少し違っていて，どの関数がC^∞関数かを指定することによってなされています．（普通は座標変換がC^∞写像であることを使う）「環付き空間」として定義される解析空間やスキームの定義の先駆といえるもののようで，シュバレーの業績にもそれにあたる部分があります．

また，直交群の2重被覆であるスピノル群をクリフォード代数で与える話が最初の部分にあります．被覆群の説明としてこれを出すのは，一番重要な例を出しているという意味で，確かに優れています．シュバレーにはスピノルについての重要な業績もあります．

フロベニウスの定理の説明は多くの多様体論の本より詳しいのですが，それはあとでリー群の部分群の話と密接に関わります．

多分「多様体論」としてこの本を全部読むのは大変かもしれませんが，頑張って読めば，多様体についても，現代風の教科書を読んだのとは違った深い理解が得られるのではないかと思います．

4

『シンプレクティック幾何学』

深谷賢治 著
岩波書店
2008年

自分の本のことを書くのは僭越ですがお許しください.

この本はとにかくたくさんのことを書きたいと思って書いた本です.
シンプレクティック幾何は,代数幾何あるいは複素幾何,リーマン幾何,とならんで,幾何学の重要な一分野です.ハミルトン力学系の理論(あるいは解析力学)の幾何学的部分として,力学系理論のワイルドな側面と関わると同時に,すべての複素(射影)代数多様体はケーラー多様体で,ケーラー多様体はシンプレクティック多様体なので,代数幾何あるいは複素幾何とも密接に関わります.余接束で考える超局所解析ではシンプレクティック幾何学が多く使われます.リー環に入るポアッソン構造(シンプレクティック構造の親戚)はリー群やリー環の表現論で重要な役割を果たします.勿論古典力学や最近では場の量子論ともつな

がっています．シンプレクティック幾何学という分野は，それら多くの分野を起源としたいろいろな考え方，方法が少し混沌とした様相をなしていて，分野全体を見渡すのはなかなか困難です．ですから，たくさんのことを書かないと，なかなかシンプレクティック幾何学という本にはならないと感じたのですが，たくさん書いてもやっぱり自分流の特定部分を切り出したものにしかならず，全体像を取り出す標準的な教科書などというのは，書こうとしない方が良いのかもしれません．

とにかく，たくさん書こうとした結果として，確かにいろいろなことは書けましたが，証明が数学の本としては完備していません．

最近発展している擬正則曲線を使ったシンプレクティック幾何学が，この本の主な題材です．擬正則曲線というのは，シンプレクティック多様体への複素一変数の写像で，非線形コーシー＝リーマン方程式を満たすもののことです．

複素幾何学と違うのは，シンプレクティック多様体には複素構造ではなく，概複素構造しか入らないことで，普通のコーシー＝リーマン方程式が線形なのに対して，非線形コーシー＝リーマン方程式という非線形方程式を扱うことになります．この方法が大域シンプレクティック幾何学の最近の発展の鍵なのです．

擬正則曲線の理論はしっかり書くと大変長くなります．非線形方程式を扱い，しかもその個々の解を扱うのではなく，解全体の構造を扱わないといけないのがその理由です．擬正則曲線の理論の厳密な解説には数百ページ（あるいは徹底して一般的に書くと千ページ以上）かかってしまいます．そこを圧縮して，基本的な考え方を説明するだけにして，代わりにシンプレクティック幾何の広がりを見せようとしました．

それが，うまくいっているかどうかは，読む人によるでしょう．証明が全部書いていないと気持ち悪くて数学の本は読めない，という人は勿論いるでしょうし，そういう人の方が数学を勉強するには向いている，という一面も確かにあるでしょうから．

5 【解】 Vladimir Igorevich Arnol'd, A. Avez 著
吉田耕作 訳
『古典力学のエルゴード問題 POD 版』
吉岡書店，2004 年

こまかいところはだいぶ省略されていて，全部証明が書いてある本にしかなれていないとよみづらいかもしれません．しかし，力学系に関わる多くの考え方が明確に書かれていて，力学系の研究とは何かがよくわかる本です．

6 【幾】 小林昭七
『接続の微分幾何とゲージ理論』
裳華房，1989 年

ゲージ理論の数学の本としては最初に読むのにいい本です．（非線形）解析の難しいところは書いてありませんが，わかるところを選んでうまく書いてあります．数学の証明としては不十分だが，何となく証明を読んだように誤解しかねないところが結構あって，その意味では上手に読者を分かった気にさせてしまう本，といえるかもしれません．

7 【幾】 松本幸夫
『4 次元のトポロジー 増補新版』
日本評論社，2009 年

松本氏は数学の教科書を書くと，大変ていねいでわかりやすい本を書きますが，この本はそれとは少し違った魅力に富んだ本です．
最後のところ，10 年後，20 年後に付け加えられた部分などを読むと，「松本氏と 4 次元トポロジーの歴史」というべき記述から，人間の営みとしての数学を生き生きと感じることができます．

8 【解】 山本義隆，中村孔一
『解析力学 1，2』
（朝倉物理学大系），朝倉書店，1998 年

解析力学の本の決定版と思います．その先を勉強するための道具として早めに解析力学を通りすぎるのではなく，手間ひまかけて，物理と数学の交叉路の重要なトピックとしての解析力学を味わう人のための本です．

9 【幾】 John Willard Milnor 著
志賀浩二 訳
『モース理論 POD 版』
吉岡書店，2004 年

モース理論の決定版教科書です．ミルナーの本はどれも良書という定評があります．欠点を探すと，わかりやすく書かれ過ぎていて，アクがなさ過ぎる，という事ぐらいでしょう．（アクの強い本がよければ，たとえば，モース自身の本（洋書ですが AMS から出ています）がいいかもしれません．）J. W. ミルナー・J. D. スタシェフ著『特性類講義』（佐伯修・佐久間一浩訳，丸善出版）も同じ意味でお薦めの教科書です．

10 解 Andrey Nikolaevich Kolmogorov, Dmitri Fomin 著
山岡三郎, 柴岡泰光 訳
『函数解析の基礎 原書第4版 上・下』
岩波書店, 1979年

ルベーグ積分や一部位相空間論まで関数解析の入門に含める, というスタイルは最近はあまり多くないかもしれませんが, この本も含めて, 昔はそれが標準だったように思いますし, その学び方もいいのではないかと思います. この本はそういう意味の関数解析の教科書のスタンダードでしょう.

11 代 David Mumford 著
前田博信 訳
『代数幾何学講義』
(シュプリンガー数学クラシックス), 丸善出版, 2006年

最近よんでみて, スキームを勉強するのならこの本がいい, といわれているのに納得がいきました. もう一つの有名な教科書であるハーツショーンと比べると, 幾何学的な感覚が分かる優れた解説が多く含まれています. ハーツショーンがスタンダードを与える網羅的な本なら, この本は要点を上手く述べた解説書でしょう.

12 代 永田雅宜, 宮西正宜, 丸山正樹
『復刊 抽象代数幾何学』
共立出版, 1999年

この本は私の学生時代に, 「難しい数学の本を読むのがかっこいい」とおもう数学科の学生が多くよんでいた本です. スキームの解説としてはマムフォードとは大分雰囲気が違います. マムフォードの方が確かに優等生的にわかりやすいのですが, こういう本に学部学生ぐらいで突撃するのもいいように思います.

13 幾 本間龍雄
『組合せ位相幾何 POD版』
(数学ライブラリー29), 森北出版, 2003年

昔からあったのは知っていたのですが, 最近, 復刊されたのを見てみて, ずいぶん高度な事がわかりやすく書かれていることに気づきました. 組合わせ位相幾何というのは60年代ぐらいにはもっと盛んでしたが, 最近は教科書もあまり出なくなりました. しかし, これは面白い本です. シェーンフリスの定理 (ユークリッド空間に球面を埋め込むとその補空間の連結成分は球体と同相になる) など, 位相幾何学の重要な定理で最近の教科書にはあまり書かれていない定理が上手に説明されています.

14 幾 加須栄篤
『リーマン幾何学』
(数学レクチャーノート), 培風館, 2001年

リーマン幾何の教科書はだいぶ増えてきましたが, 私にはこの本が一番読み易く感じられます. 標準的な内

容を手際よく勉強するのに向いています．

15 川又雄二郎
幾 『射影空間の幾何学』
(講座 数学の考え方)，朝倉書店，2001年

昔風の射影幾何の本とも代数幾何の本とも近いようで少し違った書き方がしてある本です．多様体の教科書は一般論がおおく，定義ばかりでてくるのですが，それを勉強するときにこの本を並行して読むと，具体的なイメージがわいていいのではないでしょうか．

16 泉屋周一，石川剛郎
幾 『応用特異点論』
共立出版，1998年

特異点の本です．ただし，複素解析的な（あるいは代数幾何的な）特異点ではなくて，実解析（あるいは微分可能関数の）特異点の本です．大変意欲的な内容になっていて，この本が出版されたとき眺めてこんな本が書けるんだと感心した記憶があります．比較的少ない予備知識でかなりの高度な内容を学ぶことができ，さらにそれが多くの分野との関わりでどう現れるかまで，生き生きと書かれています．

17 野口広，福田拓生
解 『復刊　初等カタストロフィー』
共立出版，2002年

カタストロフィーというのがタイトルに入った本はいまでも多いのですが，日本語のちゃんとした数学が書いてある本としてはこれが一番でしょう．トムのカタストロフィー理論の数学の定理としては一番はっきりした定理（でマザーが最終的に証明を完成した）初等カタストロフィーの分類定理（普遍変形の次元が少ない場合の初等カタストロフィーの七つの型への分類）がしっかりと証明されています．「哲学」としてのカタストロフィー理論がどうなろうと，この定理は数学の定理として生き残ります．

	著者，訳者	書名，シリーズ名	出版社	刊行年	分野
1	熊ノ郷準	擬微分作用素 (数学選書)	岩波書店	1974	解
2	Vladimir Igorevich Arnol'd, A. Avez 吉田耕作	古典力学のエルゴード問題 POD版	吉岡書店	2004	解
3	小平邦彦	複素多様体論	岩波書店	1992	幾
4	泉屋周一，石川剛郎	応用特異点論	共立出版	1998	幾
5	足立正久	復刊　微分位相幾何学	共立出版	1999	幾
6	服部晶夫	位相幾何学 (岩波基礎数学選書)	岩波書店	2002	幾
7	本間龍雄	新しいトポロジー (講談社ブルーバックス)	講談社	1973	幾
8	山田泰彦	共形場理論入門 (数理物理シリーズ)	培風館	2006	他
9	小林昭七	接続の微分幾何とゲージ理論	裳華房	1989	幾
10	楠幸男	復刊版　函数論　リーマン面と等角写像	朝倉書店	2011	解
11	川又雄二郎	射影空間の幾何学 (講座　数学の考え方)	朝倉書店	2001	幾
12	志賀浩二	無限からの光芒	日本評論社	1988	数
13	丹野修吉	多様体の微分幾何学 (実教理工学全書)	実教出版	1976	幾
14	加須栄篤	リーマン幾何学 (数学レクチャーノート)	培風館	2001	幾
15	一松信	多変数解析函数論	培風館	1960	解
16	儀我美一，陳蘊剛	動く曲面を追いかけて (チュートリアル 応用数理の最前線)	日本評論社	1996	幾
17	志賀浩二	集合・位相・測度	朝倉書店	2006	解
18	志賀浩二	数の大航海　対数の誕生と広がり	日本評論社	1999	数
19	松本幸夫	4次元のトポロジー　増補新版	日本評論社	2009	幾
20	山本義隆，中村孔一	解析力学 1，2 (朝倉物理学大系)	朝倉書店	1998	解
21	遠山啓	ベクトルと行列 (日評数学選書)	日本評論社	1965	数
22	B.L. van der Waerden 銀林浩	現代代数学（全3巻）	東京図書	1959	代

	著者, 訳者	書名, シリーズ名	出版社	刊行年	分野
23	I. M. Singer, J. A. Thorpe 著 赤攝也 監訳 松江広文, 一楽重雄 訳	トポロジーと幾何学入門	培風館	1995	幾
24	K. W. Körner 髙橋陽一郎 監訳	フーリエ解析大全 上・下	朝倉書店	1996	解
25	Morris W. Hirsch, S. Smale 田村一郎, 水谷忠良, 新井紀久子	力学系入門	岩波書店	1976	解
26	Morris W. Hirsch, S. Smale, R. L. Devaney 桐木紳, 三波篤郎, 谷川清隆, 辻井正人	力学系入門 微分方程式からカオスまで 原書第2版	共立出版	2007	解
27	中島匠一	なっとくする微積分	講談社	2001	解
28	儀我美一, 儀我美保	非線形偏微分方程式 (共立講座 21世紀の数学 25)	共立出版	1999	解
29	新井仁之	ルベーグ積分講義	日本評論社	2003	解
30	太田隆夫	界面ダイナミックスの数理 (チュートリアル 応用数理の最前線)	日本評論社	1997	他
31	小島定吉	多角形の現代幾何学 増補版 (数理情報科学シリーズ)	牧野書店	1999	幾
32	Vladimir Igorevich Arnol'd, A. Avez 安藤韶一, 蟹江幸博, 丹羽敏雄	古典力学の数学的方法	岩波書店	2003	解
33	John L. Kelle 児玉之宏	位相空間論 (数学叢書 2)	吉岡書店	1968	数
34	中島啓	非線形問題と微分幾何学	岩波書店	2008	幾
35	田村一郎	微分位相幾何学	岩波書店	1992	幾
36	John Willard Milnor 志賀浩二	モース理論 POD版	吉岡書店	2004	幾
37	中岡稔	復刊 位相幾何学—ホモロジー論	共立出版	1999	幾
38	小林俊行, 大島利雄	リー群と表現論	岩波書店	2005	代
39	Henri Cartan 髙橋禮司	複素函数論	岩波書店	1965	解
40	竹内外史, 八杉満利子	復刊 証明論入門	共立出版	2010	数
41	Raymond Louis Wilder 吉田洋一	数学基礎論序説	共立出版	1969	数

	著者，訳者	書名，シリーズ名	出版社	刊行年	分野
42	George Gamow 白井俊明	太陽の誕生と死	白揚社	1950	他
43	George Gamow 白井俊明	宇宙の創造	白揚社	1952	他
44	増山元三郎	数に語らせる	岩波書店	1980	数
45	丹羽敏雄	力学系 (紀伊國屋数学叢書 21)	紀伊國屋書店	1981	解
46	遠山啓	数学入門　上・下 (岩波新書)	岩波書店	1959 1960	数
47	安藤洋美	最小二乗法の歴史	現代数学社	1995	解
48	Albert Einstein 矢野健太郎	相対論の意味―附：非対称場の相対論	岩波書店	1958	他
49	小林昭七	曲線と曲面の微分幾何　改訂版	裳華房	1995	幾
50	小平邦彦	幾何のおもしろさ (幾何のおもしろさ数学入門シリーズ 7)	岩波書店	1985	幾
51	Iakov Borisovich Zeldovich 筒井孝胤	応用数学入門 1-4 (数学新書)	東京図書	1970 1971	数
52	Iakov Borisovich Zeldovich 宮本敏雄ほか	科学技術のための微積分入門　基礎編，応用編 (数学新書)	東京図書	1961 1962	解
53	John Willard Milnor, James Dillon Stasheff 佐伯修，佐久間一浩	特性類講義	丸善出版	2012	幾
54	David Mumford 前田博信	代数幾何学講義 (シュプリンガー数学クラシックス)	丸善出版	2006	代
55	André Weil 佐武一郎，小林昭七	ケーラー多様体入門	丸善出版	2012	幾
56	F. Riesz, B. Sz.-Nagy 著 秋月康夫 監訳 絹川正吉，清原岑夫 訳	関数解析学　上・下	共立出版	1973 1975	解
57	Andrey Nikolaevich Kolmogorov, Dmitri Fomin 山崎三郎，柴岡泰光	函数解析の基礎　原書第4版　上・下	岩波書店	1979	解
58	溝畑茂	偏微分方程式論	岩波書店	2002	解
59	永田雅宜，宮西正宜，丸山正樹	復刊　抽象代数幾何学	共立出版	1999	代

	著者, 訳者	書名, シリーズ名	出版社	刊行年	分野
60	田村一郎	葉層のトポロジー (数学選書)	岩波書店	1976	幾
61	Jean-Pierre Serre 彌永健一	数論講義	岩波書店	1979	代
62	国元東九郎	算数の先生 (ちくま学芸文庫)	筑摩書房	2011	数
63	松本幸夫	Morse 理論の基礎	岩波書店	2005	幾
64	森田茂之	微分形式の幾何学	岩波書店	2005	幾
65	古田幹雄	指数定理	岩波書店	2008	幾
66	本間龍雄	組合せ位相幾何　POD 版 (数学ライブラリー29)	森北出版	2003	幾
67	Godfrey Harold Hardy, John Edensor Littlewood, George Polya 細川尋史	不等式	丸善出版	2003	数
68	山本義隆	力学と微分方程式 (数学書房選書 1)	数学書房	2009	解
69	野口広，福田拓生	復刊　初等カタストロフィー	共立出版	2002	解
70	Claude Chevalley 齋藤正彦	シュバレー　リー群論 (ちくま学芸文庫)	筑摩書房	2012	代
71	柏原正樹，河合隆弘，木村達雄	代数解析の基礎 (紀伊國屋数学叢書 18)	紀伊國屋書店	1980	代
72	深谷賢治	シンプレクティック幾何学	岩波書店	2008	幾

Masahito TAKASE

高瀬正仁
九州大学基幹教育院

数学に対する考え方として長年にわたってこだわってきたのは，
「創造か発見か」という，数学の命題の普遍性に関する論点．
そしてその核心は，18世紀のオイラーひとりの異様な広大さと，
19世紀のドイツ数学の異様な高みを理解することに
あるのではないだろうか？

1
『春宵十話』

岡潔 著
(光文社文庫), 光文社
2006年

> 岡潔『春宵十話』(光文社文庫)
> 岡潔先生の第一エッセイ集, 刊行後50年!!
> 情緒の数学者の語る情緒の数学.
> 数学研究の日々が美しく回想されています. 日本の近代が生んだ奇蹟的作品です.

『春宵十話』は岡潔先生の第一エッセイ集です．昭和37年4月に毎日新聞紙上で10回にわたって連載され，翌年はじめ，他のエッセイも集めて1冊にして単行本の形で刊行されました．しばらく絶版状態が続いたのですが，平成18年になって光文社文庫に入り，新しい世代に読み継がれることになりました．

巻頭に置かれた「はしがき」は「人の中心は情緒である」という刺激的な一語とともに書き出され，

〈数学とはどういうものかというと，自らの情緒を外に表現することによって作り出す学問芸術の一つであって，知性の文字板に，欧米人が数学と呼んでいる形式に表現するものである．〉

と続きます．西欧近代の自然科学観に真っ向から背馳する不思議な数学観ですが，印象はいかにも神秘的で，心を惹かれます．

『春宵十話』を読んだのは高校に入学して間もないころ，ちょうど岡先生のエッセイが相次いで刊行されていた時期でした．まずはじめに『春の草』を手にして岡先生を知り，それから『春宵十話』や『春風夏雨』『紫の火花』『人間の建設』などに進みましたが，岡先生の一群のエッセイの魅力は，数学そのものというよりも岡先生の語る特異な数学観に根ざしていたように思います．数学が本当に情緒の表現であるなら実に驚くべきことで，いったいどのような学問なのだろうといぶかしく思い，真実の姿を知りたいと思ったことが，今でもありありと思い出されます．

『春宵十話』には来し方の回想や日ごろの思いが平易に語られています．一瞥すると心象風景のスケッチのように見えるのですが，一つひとつの話の背後には恐るべき人生が控えています．当初からそんな予感があったのですが，後年，評伝を書く決意を固めてフィールドワークを重ねる中で，岡先生の過酷な人生の諸相が具体的に明らかになり，深い感銘に襲われました．情緒の一語からして尋常ではなく，根柢にはパリで出会った中谷治宇二郎との友情とその喪失という，神秘的な体験が横たわっています．この若い日に失われた友情の具象性こそ，岡先生のいう情緒の実態であり，同時に秋霜烈日の数学研究の日々を支え続けた力です．

情緒が表現されて数学が生成されるのであれば芸術と同じで，アナログ式に追随していくことにより，共鳴したり共感したりすることができます．岡先生のいう情緒とは少々姿形が異なっているように思いますが，デカルトの時代からヒルベルトの時代あたりにかけて，西欧近代の偉大な数学者たちがかつて創造した数学的科学の世界にもそれぞれの数学者に固有の情緒が反映し，華やかに彩られています．

『春宵十話』は小冊子ではありますが，岡先生の人生と数学研究の姿が深く刻まれていて，完全に暗記してしまうほど読み返しても飽きることがありません．日本の近代が生んだ奇跡の作品で，数学研究の道を照らす道しるべです．

『Sur les Fonctions Analytiques de Plusieurs Variables』

Kiyoshi Oka 著
岩波書店
初版 1961 年／増補版 1983 年

Kiyoshi OKA (岡潔)
"Sur les Fonctions Analytiques de Plusieurs Variables"(岩波書店)
岡潔先生の数学論文集．岡先生の情緒が数学の言葉になって多変数関数論の世界を描いていきます．若い日に理解し，感動し，共鳴することができた唯一の数学書です．

多変数関数論を建設した岡潔先生の論文集．フランス語で書かれていて，しかも現在は絶版で入手がむずかしいのですが，「どんな本を読んできたのか」という観点からすると，何を措いてもこの論文集を挙げないわけにはいきません．岡先生の論文は「多変数解析関数について」という通し表題がつけられていて，そのもとで第 1 報告「有理関数に関して凸状の領域」，第 2 報告「正則領域」……というふうに続きます．

初版の刊行は 1961 年で，この時点までに公表された 9 篇の論文が収録されました．翌 1962 年に第 10 報告が公表されたのですが，これを加えて，初版刊行から 22 年後の 1983 年になって増補版が刊行されました．初版はおおよそ 230 頁，増補されてもようやく 240 頁程度という本当に小さな論文集で，オイラーやガウスの全集とは比べるべくもありません

が，内容の濃厚なことは尋常ではなく，西欧近代の偉大な数学者のどのひとりと並べても遜色がありません．今日の多変数関数論は華やかなパノラマを構成していますが，岡先生の論文集はそれらすべての共通の泉です．

はじめて手に取ったのは十代の終わりかけの時期で，大学受験の準備に打ち込んでいた夏のある日，東京神田の岩波書店の図書販売の信山社の書棚で見つけました．フランス語は読めなかったのですが，「ああ，岡先生だ」と思い，表紙を眺め，ページを繰りました．フランス装幀で数ページずつ輪になっていますので，全ページを見ることはできなかったのですが，そんな風情にもなんだかおしゃれな感じがあって心を惹かれました．

後年，大学院で本文を読んだのですが，それまでに読み重ねてきたどの数学書とも異なる印象を受けました．ブルバキの『数学原論』が流行し，数学の世界が抽象に覆われた時代の中でいろいろな数学書を渉猟したものですが，心に触れるものがなく，数学はつまらない学問なのではないかと観念しつつあったところでしたので，岡先生の論文集の強い印象は一段と際立っていました．数学は一つではありません．1930年ころ，二つの世界大戦の間の一時期に西欧近代の数学は大きく変容し，その趨勢が極端に拡大されて今日に及んでいることが，だんだん諒解されました．

岡先生の論文集に励まされて「昨日の世界」の古典を読み始めたところ，岡先生のような人に幾人も出会いました．岡先生は「数学は情緒，すなわち心を表現する学問である」という数学観をしきりに語っていましたが，オイラー，ガウス，アーベル，ヤコビ，ヴァイエルシュトラス，リーマン，クンマー，クロネッカー，ヒルベルト等々，西欧近代の数学を創造した人たちもまた，ひとりひとりがみなそれぞれに情緒を表現しているように思いました．歴史とは何かということを，岡先生に教えられたのです．

岡先生の論文集は若い日に深く理解し，共鳴することのできた唯一の数学書でした．今日まで座右にあり続け，心を離れた日は一日もありません．

数 幾 解 代 他

3
『復刻版　近世数学史談・数学雑談』

高木貞治 著
共立出版
1996 年

高木貞治『近世数学史談・数学雑談』
(共立出版)
類体論を創造した偉大な数学者の手になる偉大な数学史。ガウスとアーベル、楕円関数論が今しも誕生しようとする情景が描かれています。数学史研究のあるべき姿を示す道しるべです。

日本語で書かれた数学史の書物の中で真っ先に指を屈しなければならないのは，21 世紀に入って 10 年余がすぎた今もなお，依然として高木貞治先生の著作『近世数学史談』です．数学史を語る本は多く，欧米の数学史家の著作の翻訳もさまざまに試みられていますが，『近世数学史談』を超えるものはありません．

『近世数学史談』の初出は昭和 8 年で，出版社は共立出版の前身の共立社ですが，それから今日にいたるまでにやや複雑な変遷があり，いくつもの版が存在します．現在入手可能な唯一のテキストは，『数学雑談』を合わせて 1 冊にした合本で，平成 8 年に出版されました．

昭和 46 年，大学 2 年生の夏 7 月に，ぼくは群馬県の田舎の書店で前年秋に刊行されたばかりの共立全書版の第 3 版を買いました．わかるところはわずかにわかり，大半は理解が及

ばなかったのですが，文章のおもしろさに心を惹かれるままにすべてのページに目を通しました．岡潔先生の論文集はぼくにとってベルヌーイ兄弟に対するライプニッツの論文と同様，エニグマ（神秘を秘めた巨大な謎）だったのですが，高木先生の『近世数学史談』は数学史におけるエニグマでした．本の魅力は即物的な理解を超越しているのですから，わかるわからないかは問題にならず，いつまでも手もとに置いておきたいという心情のみに包まれるものなのではないかと思います．『近世数学史談』は岡先生の論文集と同様，小さな書物なのですが，後年の数学史研究の不動の道標であり続けました．

著者の高木先生は類体論の建設に成功した数学者ですが，そんな第一級の数学者が数学と数学史を語ったところに，『近世数学史談』の際立った特徴が認められると思います．「数学のある数学史」というか，数学に寄せる深い理解に裏打ちされた数学史であり，歴史叙述の理想型です．高木先生はガウスの《数学日記》とアーベルの論文「楕円関数研究」を詳細に語り，楕円関数論が生まれ出ようとする最初の瞬間を再現しましたし，パリのアーベルの消息を伝える細やかな筆致にはアーベルの人生と天才に寄せる真実の同情と敬意が感じられ，読む者の共感を誘います．

数学はやはり「人が創造する学問」でありたいと思いますが，20世紀も30年代に入ったころから数学に新しい潮流が起こり，人の心から離れようとする傾向が目立ち始めました．抽象化と呼ばれる歴史的現象ですが，当初はそうしなければならない内的で必然的な理由が存在したとはいうものの，今日では行き着くところに行き着いてしまったという無惨な感慨に襲われます．

かつてガウスの著作『アリトメチカ研究』や遺稿《数学日記》，それにアーベルの論文「楕円関数研究」を読み解こうと苦しい努力を重ねていたころ，『近世数学史談』は唯一の相談相手でした．この稀有の作品が今後も読み継がれていくよう，心から願っています．

『ガウス　整数論』

Carl Friedrich Gauss 著
高瀬正仁 訳
（数学史叢書），朝倉書店
1995年

この本はガウスの著作 "Disquisitiones Arithmeticae（ディスクィジティオネス・アリトメティカエ）"の翻訳書です．自分で翻訳した本を挙げるのは少々ためらわれるのですが，古典研究の出発点になった書物ですし，今も頻繁に参照していますので，「読んでいる本」のリストからはずすことはできません．アリトメチカというのは「数の理論」を意味する古い歴史を負う言葉ですが，ルジャンドルが自分の著作に『数の理論』という書名をつけてからこのかた，「アリトメチカ」は「数論」に取って代わられる運命をたどりました．それで翻訳書には『ガウス　整数論』という書名を採用しました．ではありますが，それからどうも気持ちが落ち着かず，ガウスについてはやはりアリトメチカの一語を尊重するべきではないかと反省し，このごろは『アリトメチカ

研究』と呼ぶことにしています．
1795年の年初，ガウスは数論の領域に属するあるひとつの事実をたまたま発見し，それ以来，数論研究に熱心に打ち込むようになりました．『アリトメチカ研究』の序文にそのように書かれているのですが，この本はガウスの初期の数論研究をみずからの手で集大成した作品で，ダニングトンが書いたガウス伝『ガウスの生涯』（東京図書）の巻末に附された年譜によると，1801年9月29日付で刊行されました．1795年の年初のガウスは満17歳，『アリトメチカ研究』が刊行された時点では満24歳です．ガウスの数論の端緒を開いた発見というのは，今日の用語法では「平方剰余相互法則の第一補充法則」と呼ばれるもので，ガウスはここから出発して長い生涯にわたって歩みを続け，平方剰余相互法則の8通りもの証明と4次相互法則の姿形を発見し，「相互法則の世界」の実在感を確立するにいたりました．ガウスは"PAUCA SED MATURA（少ないけれども熟したものを）"という信念をもっていたようですが，

秘密主義ということはなく，公表した著作や論文では思索の経緯と心境の推移を率直に語っています．数学が創造される現場の消息を知るうえで実に貴重な記録です．数学は人が創造する学問であることを，ガウスはみずからの作品を通じて，後進のぼくらにきわめて具体的に語りかけています．

岡潔先生の論文集を読んで，数学の変容ということを深く考えさせられました．数学の姿は一様ではなく，過去から現在に向かって単調に進歩してきたのでもなく，ときおり大掛かりな変容が起こります．具体的な事例を回想すると，デカルトの『幾何学』やオイラーの『無限解析序説』が念頭に浮かびますが，ガウスの『アリトメチカ研究』もそのような稀有の書物のひとつで，「ここから何事かが始まる」という予感がすみずみまで遍在しています．

ラプラスは数学を学ぼうとする者にオイラーを読むことを推奨し，「オイラーはわれらすべての師だ」と言ったそうですが，ガウスもまたすべての数学徒の師匠です．

5 高木貞治
[解] 『定本　解析概論』
岩波書店，2010年

昭和13年，初版刊行．今年は刊行75年！　日本で刊行された微積分の全テキストの模範です．

6 高木貞治
[数] 『新式算術講義』
(ちくま学芸文庫 M&S)，筑摩書房，2008年

若き日の高木貞治先生の数学研究の記録．高木先生の一番はじめの著作です．

7 高木貞治
[数] 『数学の自由性』
(ちくま学芸文庫 M&S)，筑摩書房，2010年

数学の自由性を自由に語る!!　高木先生の晩年の思想．最後の著作です．

8 Hermann Weyl 著
[幾] 田村二郎 訳
『リーマン面』
岩波書店，2003年

原書刊行後100年！　複素多様体ここに始まる．リーマン面は「海の真珠」(ワイルの言葉)です．

9 礒田正美 著・編集
[他] 田端毅，讃岐勝 著
Maria G. Bartolini Bussi 編集
『曲線の事典—性質・歴史・作図法—』
共立出版，2009年

曲線の宝庫．微積分は曲線を理解したいという心情から生まれました．

10 Felix Christian Klein 著
[数] 彌永昌吉 監修
足立恒雄，浪川幸彦 監訳
石井省吾，渡辺弘 訳
『クライン　19世紀の数学』
共立出版，1995年

リーマンの継承者の語るロマンチシズムあふれる19世紀ドイツ数学史．

11 André Weil 著
[代] 足立恒雄，三宅克哉 訳
『数論　歴史からのアプローチ』
日本評論社，1987年

ブルバキの創始者の語る数論の源流．20世紀の数論を創造した数学者が近代数論のはじまりを回想しています．

12 André Weil 著
[数] 杉浦光夫 訳
『数学の創造　著作集自註』
(数セミ・ブックス)，日本評論社，1983年

現代数学の創造の歴史．ヴェイユはブルバキの唯一の歴史家です．

13 André Weil 著
[数] 稲葉延子 訳
『アンドレ・ヴェイユ自伝—ある数学者の修行時代』上・下
(シュプリンガー数学クラブ)，丸善出版，2012年

現代数学の創始者の同時代史．最高の現代数学史です．

14 Laurent Schwartz 著
[解] 齋藤正彦, 小島順, 森毅, 小針晛宏, 清水英男 訳
『シュヴァルツ解析学』(全7巻)
東京図書, 1971年

「シュヴァルツの超関数」の創始者による解析概論.「ブルバキの解析教程」です.

15 岩田義一
[数] 『偉大な数学者たち』
(ちくま学芸文庫 M&S), 筑摩書房, 2006年

数学の本質は「狂熱」にあり. 高原のようなオイラー, 神秘の淵のようなガウス. 数学の狂熱に心を奪われた天才たちの人生と学問を熱く語る.

16 Paul Lévy 著
[解] 飛田武幸, 山本喜一 訳
『一確率論研究者の回想』
岩波書店, 1973年

確率論とは何か. 現代確率論の根幹を回想する.

17 René Descartes 著
[他] 青木靖三, 赤木昭三, 小池健男, 原亨吉, 水野和久, 三宅徳嘉 訳
『デカルト著作集〈1〉方法序説』
白水社, 2001年

西欧近代の数学の故郷. 解析幾何, 代数幾何, 微積分の発祥の地はデカルトの数学的思索です.

18 Constance Reid 著
[数] 彌永健一 訳
『ヒルベルト─現代数学の巨峰』
(岩波現代文庫), 岩波書店, 2010年

ドイツ数学史のロマンチシズムの黄昏にして現代数学の曙光. ヒルベルトは数学の運命を体現しています.

19 Ernest Hairer, Gerhard Wanner 著
[解] 蟹江幸博 訳
『解析教程 新装版』上・下
丸善出版, 2006年

歴史的遺産に学ぶ微積分. 微積分の創造者たちの思索が生きて働いています.

20 一松信
[解] 『多変数解析函数論』
培風館, 1960年

日本語で書かれた多変数関数論の古典. 理論形成の歴史が描かれています.

	著者, 訳者	書名, シリーズ名	出版社	刊行年	分野
1	高瀬正仁	ガウスの遺産と継承者たち―ドイツ数学史の構想	海鳴社	1990	数
2	高瀬正仁	dxとdyの解析学　オイラーに学ぶ	日本評論社	2000	解
3	高瀬正仁	評伝岡潔　星の章	海鳴社	2000	数
4	高瀬正仁	評伝岡潔　花の章	海鳴社	2004	数
5	高瀬正仁	岡潔　数学の詩人（岩波新書）	岩波書店	2008	数
6	高瀬正仁	高木貞治　日本近代数学の父（岩波新書）	岩波書店	2010	数
7	高瀬正仁	無限解析のはじまり　わたしのオイラー（ちくま学芸文庫 M&S）	筑摩書房	2009	数
8	高瀬正仁	ガウスの数論　わたしのガウス（ちくま学芸文庫 M&S）	筑摩書房	2011	代
9	高瀬正仁	岡潔とその時代　評伝岡潔　虹の章	みみずく舎	2013	数
10	高瀬正仁	古典的難問に学ぶ微分積分	共立出版	2013	解
11	Carl Friedrich Gauss 高瀬正仁	ガウス　整数論（数学史叢書）	朝倉書店	1995	代
12	Carl Friedrich Gauss 高瀬正仁 訳・解説	ガウスの《数学日記》	日本評論社	2013	数
13	足立恒雄, 杉浦光夫, 長岡亮介 編 高瀬正仁	アーベル／ガロア　楕円関数論	朝倉書店	1998	解
14	George Friedrich Bernhard Riemann 足立恒雄, 杉浦光夫, 長岡亮介 編訳 高瀬正仁ほか 訳	リーマン論文集	朝倉書店	2004	数
15	Leonhardo Euler 高瀬正仁	オイラーの無限解析	海鳴社	2001	解
16	Leonhardo Euler 高瀬正仁	オイラーの解析幾何	海鳴社	2005	解
17	Adrien-Marie Legendre 高瀬正仁	数の理論	海鳴社	2008	代
18	Carl Friedrich Gauss 高瀬正仁	ガウス数論論文集（ちくま学芸文庫 M&S）	筑摩書房	2012	代
19	Carl Gustav Jacob Jacobi 高瀬正仁	ヤコビ楕円関数原論	講談社サイエンティフィク	2012	解

	著者, 訳者	書名, シリーズ名	出版社	刊行年	分野
20	Augustin Louis Cauchy 高瀬正仁 監訳, 西村重人	コーシー解析教程	みみずく舎	2011	解
21	高木貞治	新式算術講義 (ちくま学芸文庫 M&S)	筑摩書房	2008	数
22	高木貞治	定本 解析概論	岩波書店	2010	解
23	高木貞治	復刻版 近世数学史談・数学雑談	共立出版	1996	数
24	高木貞治	数学の自由性 (ちくま学芸文庫 M&S)	筑摩書房	2010	数
25	Jean Alexandre Eugène Dieudonné 編 上野健爾, 金子晃, 浪川幸彦, 森田康夫, 山下純一	数学史 1700-1900 (全3冊)	岩波書店	1985	数
26	David Hilbert, Stephan Cohn-Vossen 芹沢正三	直観幾何学	みすず書房	1966	幾
27	Hermann Weyl 田村二郎	リーマン面	岩波書店	2003	幾
28	Hermann Weyl 菅原正夫, 下村寅太郎, 森繁雄	数学と自然科学の哲学	岩波書店	1959	他
29	Hermann Weyl 内山龍雄	空間・時間・物質 上・下 (ちくま学芸文庫 M&S)	筑摩書房	2007	他
30	礒田正美 著・編集 田端毅, 讃岐勝 著 Maria G. Bartolini Bussi 編集	曲線の事典―性質・歴史・作図法―	共立出版	2009	他
31	飛田武幸	確率論の基礎と発展	共立出版	2011	解
32	Carl Friedrich Gauss 飛田武幸, 石川耕春	誤差論	紀伊國屋書店	1981	解
33	寺沢寛一	自然科学者のための数学概論 増訂版改版	岩波書店	1983	数
34	Augustin Louis Cauchy 小堀憲	コーシー 微分積分学要論 (現代数学の系譜 1)	共立出版	1969	解
35	Andrey Nikolaevich Kolmogorov, Dmitri Fomin 山崎三郎	函数解析の基礎 上・下	岩波書店	1962	解
36	杉浦光夫	解析入門 I, II	東京大学出版会	1980 1985	解

	著者，訳者	書名，シリーズ名	出版社	刊行年	分野
37	P. Lax はしがき Richard Courant, David Hilbert 藤田宏，高見穎郎，石村直之	数理物理学の方法　上	丸善出版	2013	解
38	Felix Christian Klein 彌永昌吉 監修 足立恒雄，浪川幸彦 監訳 石井省吾，渡辺弘	クライン　19世紀の数学	共立出版	1995	数
39	André Weil 杉浦光夫	数学の創造　著作集自註 （数セミ・ブックス）	日本評論社	1983	数
40	André Weil 足立恒雄，三宅克哉	数論　歴史からのアプローチ	日本評論社	1987	代
41	André Weil 稲葉延子	アンドレ・ヴェイユ自伝―ある数学者の修行時代　上・下 （シュプリンガー数学クラブ）	丸善出版	2012	数
42	Laurent Schwartz 彌永健一	闘いの世紀を生きた数学者　ローラン・シュバルツ自伝　上・下	丸善出版	2006	数
43	Laurent Schwartz 齋藤正彦，小島順，森毅，小針晛宏，清水英男	シュヴァルツ解析学（全7巻）	東京図書	1971	解
44	秋月康夫	輓近代数学の展望 （ちくま学芸文庫 M&S）	筑摩書房	2009	代
45	Nicolas Bourbaki 村田全，杉浦光夫，清水達雄	ブルバキ　数学史　上・下 （ちくま学芸文庫 M&S）	筑摩書房	2006	数
46	日本数学会 編	日本の数学100年史　上・下	岩波書店	1983	数
47	岩田義一	偉大な数学者たち （ちくま学芸文庫 M&S）	筑摩書房	2006	数
48	小堀憲	大数学者 （ちくま学芸文庫 M&S）	筑摩書房	2010	数
49	Constance Reid 彌永健一	ヒルベルト―現代数学の巨峰 （岩波現代文庫）	岩波書店	2010	数
50	Ernest Hairer, Gerhard Wanner 蟹江幸博	解析教程　新装版　上・下	丸善出版	2006	解
51	藤原松三郎	微分積分学　数学解析第一編 （全2巻）	内田老鶴圃	1949	解
52	一松信	多変数解析函数論	培風館	1960	解

	著者，訳者	書名，シリーズ名	出版社	刊行年	分野
53	Euclid 中村幸四郎，寺阪英孝，伊東俊太郎，池田美恵 訳・解説	ユークリッド原論　追補版	共立出版	2011	幾
54	René Descartes 青木靖三，赤木昭三，小池健男，原亨吉，水野和久，三宅徳嘉	デカルト著作集〈1〉方法序説	白水社	2001	他
55	Thomas Little Heath 平田寛，菊池俊彦，大沼正則	復刻版　ギリシア数学史	共立出版	1998	数
56	Gottfried Wilhelm Leibniz 原亨吉，佐々木力，三浦伸夫，馬場郁，斎藤憲，安藤正人，倉田隆 訳・解説	ライプニッツ著作集〈2〉数学論・数学	工作舎	1997	数
57	Paul Lévy 飛田武幸，山本喜一	一確率論研究者の回想	岩波書店	1973	解
58	David Hilbert 吉田洋一，正田建次郎 監修 一松信 訳	ヒルベルト　数学の問題　増補版 （現代数学の系譜 4）	共立出版	1969	数
59	Bartel Leendert van der Waerden 村田全，佐藤勝造	数学の黎明—オリエントからギリシアへ	みすず書房	1984	数
60	村田全	日本の数学 西洋の数学—比較数学史の試み （ちくま学芸文庫 M&S）	筑摩書房	2008	数
61	Salomon Bochner 村田全	科学史における数学	みすず書房	1970	数
62	中勘助	銀の匙 （岩波文庫）	岩波書店	1999	他
63	岡潔	春宵十話 （光文社文庫）	光文社	2006	数
64	蓮田善明，伊東静雄	蓮田善明／伊東静雄 （近代浪漫派文庫）	新学社	2005	他
65	倉田令二朗著作選刊行会 編集	万人の学問をめざして—倉田令二朗の人と思想	日本評論社	2006	数
66	小林秀雄，岡潔	人間の建設 （新潮文庫）	新潮社	2010	他
67	保田與重郎	現代畸人伝 （保田與重郎文庫）	新学社	1999	他

	著者, 訳者	書名, シリーズ名	出版社	刊行年	分野
68	Johann Wolfgang Von Goethe 木村直司	色彩論 （ちくま学芸文庫）	筑摩書房	2001	他
69	Johannes Hoffmeister 久保田勉	精神の帰郷──ゲーテ時代の文芸と哲学の研究	ミネルヴァ書房	1985	他
70	玉城康四郎	現代語訳　正法眼蔵（全6巻）	大蔵出版	1993	他
71	玉城康四郎	仏教の根底にあるもの （講談社学術文庫）	講談社	1986	他
72	Johann Christian Friedrich Hölderlin 川村二郎	ヘルダーリン詩集 （岩波文庫）	岩波書店	2002	他
73	Kiyoshi Oka	Sur les Fonctions Analytiques de Plusieurs Variables	岩波書店	1961 1983	解

12

Kazuyuki TANAKA

田中一之
東北大学大学院理学研究科数学専攻

ここにご覧いただくのは私の研究室の書棚の一部である．自宅の本棚は2011年の震災ですっかり本が崩れ落ち，何割か本を処分してようやく棚に収まっているものの，未だ整理がつかない．この選書が少し固すぎる印象があるなら，そういう理由からである．自宅は雑多な趣味の本で溢れている．

数 幾 解 代 他

1

『形式論理学──その展望と限界』

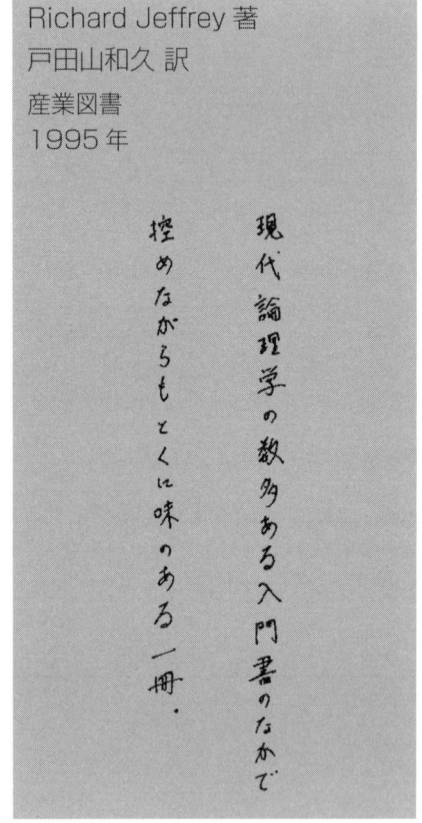

Richard Jeffrey 著
戸田山和久 訳
産業図書
1995年

現代論理学の数多ある入門書のなかで控めながらもとくに味のある一冊．

1階論理を基幹とする現代論理学の入門書は，日本語で書かれたものもかなりの数，書店に並ぶようになった．この本も装丁からはその中の平均的な一冊に見えるが，ページを開けば他書とはちょっと様子が違うことがわかる．書名(原題『Formal Logic ─ its scope and limits』)が示すように，本書のねらいは，たんに(1階)論理の形式的な記号操作を習得することだけではなく，その手法が扱える範囲(scope)や限界(limits)をきちんと理解することにある．ただ，そのゴールを前面に押し出すと，難易度がぐっと上がってしまうので，あくまで入門レベルに踏みとどまって，奥の方からなんとなく高尚な香りが漂ってくるのがこの本の魅力だ．概してとても控えめな本で，ともすれば埋もれてしまいそうなので，入門プラスαの良書として挙げておきたい．

1階論理は，ヒルベルトとアッケルマン(1928)によって初めて定式化され，彼らの公理系ですべての恒真命題が導出されることをゲーデルが示した(1930)．この，いわゆる完

全性定理の証明を後続の研究者が改良する過程で，論理式を分解しながらその真偽を判定する「タブロー法」が生み出された．といっても，タブロー法で真であると確認できる論理式は，公理論的に証明できるものと一致する．

最近の論理学の教科書でよくタブロー法が題材になるのは，初学者にとって，証明図を作成するよりも，タブローを作成する方がずっと直観的で馴染みやすいからだ．しかし，ジェフリーがタブロー法を用いるのはその理由だけではない．たとえば，次の結果がタブローの分析から簡単に導ける（この本の170ページより）．

　　$\forall\exists$型の文（関数記号を含まない）の真偽は決定可能である．

他にも，いろいろな場合の決定可能性と不可能性，とくに2階論理が決定不可能になることなど他書にあまり書かれていない事柄がタブローの分析によって簡潔に示される．この辺りはどうしても難しい話になるので初心者にはついて行けないかもしれないのだが，形式論理の範囲と限界をうまく説明していると思う．

この本は，原書第3版（McGraw-Hill, 1991）からの翻訳である．残念ながら原著者ジェフリーは2002年に76歳で亡くなってたのだが，プリンストン大学の元同僚バージェス教授が彼の遺稿などを加えて第4版を作っている（Hackett Publishing, 2006）．また，この本の先の大学院レベルの教科書として，ジェフリーはMITのブーロス教授と共著でComputability and Logic（Cambridge University Press）という個性的な本を書いている．不思議なことに，バージェスがこちらにも第4版から著者に加わり，2人の原著者が亡くなったあと2007年に第5版を出している．

この本は，ふんだんな例示や図解を用いながらも200ページ余り（原書で150ページほど）に1階論理の基本をまとめた優れた入門書である．これだけの内容をくだいてこの厚みに盛れるのは，長年論理学の教育と研究に携わってきたプリンストン大学のジェフリー教授だからできたことだろう．戸田山氏による訳文も読み易く，たいへん親しみ易い好書である．

数 幾 解 代 他

2

『Mathematical Logic (数理論理学)』

J. R. Shoenfield 著
Addison-Wesley
1967年（初版）
A. K. Peters
2001年（第2版）

現代論理学の重要定理をほとんど網羅し、コンパクトかつ精確な証明を付けた不朽の名著。

　この分野を学ぶ誰もが一度は手にする卓越した大学院レベルの教科書である．この本が出る前にはクリーネ (S. C. Kleene) の『Introduction to Mathematics』(1952) や，もっと遡ればヒルベルトとベルナイスの『数学の基礎 I, II』(1934, 39) などがあったが，この本の後にはちょっと比較しうるものがない．初版が出てからすでに半世紀近く経つので，もっと新しい話題を扱う教科書も他にいろいろ出版されているし，分野を絞れば良書も多いのだが，総合的教科書となるとどうしても何冊かの本を合体したような厚さと書き方になり，この本のようなコンパクトさと緻密さは得難い．

　私が論理学の勉強をし始めたのは1970年代で，当時ゲーデルの第二不完全性定理（この本では「無矛盾性証明の定理」）について（私が）理解可能な証明が載っている本はこれしかなかった．他にも，近藤の単層化定理や，フリードバーグ＝ムチニクの定理，コーエンの連続体仮説の独立性といった超難解な（はずの）定理がどれも数ページで証明さ

れているのには驚いた．説明が簡潔過ぎてすぐに理解できないことはしばしばあったが，議論の仕方は大概素直で，誤植も非常に少ないから，繰り返して読んでいるうちにいつかは理解できるようになった．その後，研究者になって一番有り難いと思ったのは，この本の技術用語や記法が世界のスタンダードになってくれたことだ．たとえば，ゲーデル数を表す記法「 」は，出所についてはよく知らないが，この本から広まったことは確かである．

しかし，いくら優れた教科書だといっても，ただ読んだだけで数理論理学がわかった気になってはいけない．実際，私はこの本を一通り読んでからアメリカの大学院に留学したが，大学院初年級の演習問題が全然解けないという恐ろしい経験を味わった．たとえば，自然数論が不完全であるという一般的な事実を知っていても，掛け算を除いて代わりに別の演算を入れたら不完全になるかとか，こういう形の論理式に制限したらどうなるかなど，とちょっとひねった質問をされるとどう考えたらい いのかまったくわからなかった．シェーンフィールドにも演習問題はたくさん載っているが，ほとんどは本文の延長となる理論的なものである．いずれにしても，この本はかなり特異である．数学的潔癖性がすべてに優先し，本筋から逸れる話は一切ない．参考文献も全くないので，そのアイデアがどこで生まれてどう使われるかということが全くわからない．とくに注意しておくべきことは，数理論理学の研究目的や背景が何も書かれていないことだ．この分野は数学基礎論とも呼ばれるように，数学の基礎的諸概念とも深く繋がっているはずだが，そのような関心はあえて伏せているように見える．それは別の本で補わざるを得ない．

しかし，半年間とか1年間くらいこういう純粋な世界に陶酔するのも悪くないように思う．もし応用力を付けたければ現場の研究者たちと接するのが一番だと思うが，その環境が得にくければ少し趣向の異なる本（たとえば，次のページの本など）を何冊か併読すると良いだろう．

数 幾 解 代 他

3

『Subsystems of Second Order Arithmetic (2階算術の部分体系)』

S. G. Simpson 著
Springer
1999年（初版）
Cambridge University Press
2009年（第2版）

数学基礎論の現代版プログラム「逆数学」について精緻を極めた議論を展開する超力作。

　この本は，ヒルベルトとベルナイスの古典的名著『数学の基礎 I, II』(1934, 39) の現代版続編を謳っている．ヒルベルトは，アッケルマンとの共著で『記号論理学の基礎』(1928) というコンパクトな教科書も書いており，シェーンフィールドを代表とする現代論理学の教科書の多くはそちらの後継といえるのかもしれない．

　題名の「2階算術」について簡単に説明しよう．自然数を対象とした理論を「1階算術」といい，自然数と自然数の諸集合を対象とした理論を「2階算術」という．2階算術の公理系は，自然数の順序や和積演算に関する1階算術の基本公理と，定義し得るどんな自然数の集まりも"集合"として扱えることを保証する集合存在公理（内包公理）から成り立っている．ヒルベルトとベルナイスは，一般の数学（とくに解析学）の

大部分が2階算術の枠組みで展開できることを示した．そこで，いわゆるヒルベルトの計画は，2階算術の無矛盾性を証明することであり，それを破綻させたゲーデルの不完全性定理も最初は2階算術に対する結果として導かれた．

しかし，無矛盾性証明の不可能性に関する定理は1階算術のレベルでも成り立つことがわかり，その結果2階算術に数学を基礎付ける意義は弱まった．ところが，2階算術の集合存在公理を制限した部分体系に対して，竹内外史らが無矛盾性を証明し，加えてそのような部分体系でも一般の数学の大部分が扱えることがわかると，ヒルベルトの計画の一部は「逆数学」と呼ばれるプログラムに形を変えて再稼働し始めた．「逆数学」では，ある部分体系でどの定理が証明できるかというだけではなく，この定理を証明するのにどの部分体系が必要かといった逆向きの探査も行う．シンプソンはこの本の序文でアリストテレスの次の言葉を引用している．「数学においては，前提と結論を置き替えることがよくある．なぜなら，前提になるのは定義であって，偶然の出来事ではないからである．」（分析論後書き）．

この本は，逆数学プログラムの1990年代くらいまでの成果をまとめたもので，初版は1999年に出ている．私は1980年代半ばから，途中原稿を見せてもらい，それをもとに数本の論文を書いた．それらは最終的に出版された本の中に紹介されている．自分が参照するはずの本の中に自分の結果が含まれていて，不思議な感じがする．

この本は教科書というよりは研究書であり，一般の方が全体を読み通すのは難しいかもしれない．しかし，第1章に詳しい概要が与えられており，数学の多くの定理が証明に必要な集合存在公理の強さによってきれいに（大雑把には五つのクラスに）分類される様子がうまく描かれているので，そこだけでも一瞥する価値はあるだろう．

4 伊達宗行
他 『「数」の日本史—われわれは数とどう付き合ってきたか』
日本経済新聞社, 2002年
日経ビジネス人文庫, 2007年

日本の数（学）の歴史に関する本は，江戸時代の和算に関するもの以外はとても少ない．この本は数学史的視点からの日本文化論でもある．終わりの方で被曝線量のわかりやすい基準を用意しておけといった21世紀への提言がなされていて，著者の慧眼に敬服する．文庫版でまさにそこがカットされたのは残念だ．

5 Ian Stewart 著
数 冨永星 訳
『若き数学者への手紙』
日経BP社, 2007年

数学者I.スチュアート本人が，数学の道を志す（架空の）女性メグに対して，助言と励ましを送る21通の手紙で構成されている．彼女が高校生の頃からプロ数学者になるまで長期間に渡るアドバイスは，数学の世界の内側を知るために，若い人にはきっと参考になると思う．

6 Matthew Stewart 著
他 桜井直文, 朝倉友海 訳
『宮廷人と異端者 ライプニッツとスピノザ，そして近代における神』
書肆心水, 2011年

リスボン地震前の「バブリー」なバロック時代．大型研究費獲得に情熱を燃やし手当たり次第，派手な研究に着手するスノッブな宮廷学者ライプニッツには，権力に迎合しない清貧孤高の異端者スピノザの存在が恐怖だった．

7 Peter Winkler 著
数 坂井公, 岩沢宏和, 小副川健 訳
『とっておきの数学パズル』
日本評論社, 2011年

数学パズルの最高峰．はっきり言って難しい．未解決パズルまで載っている．

8 寺阪英孝 編
数 『現代数学小事典』
（講談社ブルーバックス），講談社, 1977年

数学基礎論，代数学，解析学，幾何学，トポロジー，応用数学の6章に分かれ，それぞれが入門書のように読める．とくに数学基礎論は，そのエッセンスが要領良くかつ面白く語られている．

9 田中尚夫
数 『選択公理と数学　発生と論争，そして確立への道　増訂版』
遊星社, 2005年

選択公理について，いろいろな切り口で解説したユニークな本．公理発見当時の葛藤を示す手紙の翻訳があったり，現代集合論における証明があったりで，通読は骨が折れると思うが，あちこち開いてみると面白い．

10 【数】 David Hilbert, Wilhelm Friedrich Ackermann 著
石本新，竹尾治一郎 訳
『記号論理学の基礎』
大阪教育図書，1954年

1階論理の原典．これを読んでゲーデルは完全性定理を証明したのだが，改訂版なので逆にゲーデルの証明のエッセンスが入っている．アリストテレスの三段論法の述語論理表現や，階型論理についても詳しい．

11 【数】 Alfred North Whitehead, Bertrand Arthur William Russell 著
岡本賢吾，加地大介，戸田山和久 訳
『プリンキピア・マテマティカ序論』
哲学書房，1988年

序論と解説が日本語で読めるのは本当に有り難い．膨大な原本（全3巻）はオンラインでも見られるようになったが，それを読むのは常人の労力では難しい．

12 【数】 David Hilbert, Paul Bernays 著
吉田夏彦，渕野昌 訳
『数学の基礎　復刻版』
（シュプリンガー数学クラシックス），丸善出版，2007年

日本語版は，第1巻の第Ⅰ章と，第Ⅱ巻の半分程度を訳出したもの．とくに第1巻第Ⅰ章は，数学基礎論の考え方を知るために必読．

13 【数】 Torkel Franzen 著
田中一之 訳
『ゲーデルの定理　利用と誤用の不完全ガイド』
みすず書房，2011年

多彩な誤用例を取り上げ，ゲーデルが何を証明し，何を証明しなかったかを解説したユニークな本．

14 【数】 田中一之
『ゲーデルに挑む　証明不可能なことの証明』
東京大学出版会，2012年

数学基礎論の勉強をどうやって始めていいかわからない人は，ノートと鉛筆を持ってまずここからどうぞ．

	著者，訳者	書名，シリーズ名	出版社	刊行年	分野
1	Peter Winkler 坂井公，岩沢宏和，小副川健	とっておきの数学パズル	日本評論社	2011	数
2	Peter Winkler 坂井公，岩沢宏和，小副川健	続・とっておきの数学パズル	日本評論社	2012	数
3	Umberto Eco 河島英昭	薔薇の名前　上・下	東京創元社	1990	他
4	Pascal Mercier 浅井晶子	リスボンへの夜行列車	早川書房	2012	他
5	Ian Stewart 冨永星	若き数学者への手紙	日経BP社	2007	数
6	Matthew Stewart 桜井直文，朝倉友海	宮廷人と異端者　ライプニッツとスピノザ，そして近代における神	書肆心水	2011	他
7	宗宮喜代子	ルイス・キャロルの意味論	大修館書店	2001	他
8	Bryan H. Bunch 細井勉	パラドクスの数理	共立出版	1984	数
9	伊達宗行	「数」の日本史─われわれは数とどう付き合ってきたか （日経ビジネス人文庫）	日本経済新聞社	2007	他
10	秋山久義	知恵の輪読本─その名作・分類・歴史から解き方，集め方，作り方まで	新紀元社	2003	他
11	大矢真一	和算以前 （中公新書）	中央公論社	1980	数
12	田中尚夫	選択公理と数学　発生と論争，そして確立への道　増訂版	遊星社	2005	数
13	竹内外史	数学基礎論の世界　ロジックの雑記帳から	日本評論社	1972	数
14	志賀浩二	無限からの光芒	日本評論社	1988	数
15	竹内外史	ゲーデルの夢 （河合ブックレット─数学シリーズ）	河合文化教育研究所	1990	数
16	十川治江，竹原正人 編	「数の直観にはじまる」　数理と情報	工作舎	1977	数
17	上野健爾，砂田利一，新井仁之 編	数学のたのしみ〈2006 秋〉フォーラム 現代数学のひろがり＝ゲーデルと現代ロジック	日本評論社	2006	数
18	寺阪英孝 編	現代数学小事典 （講談社ブルーバックス）	講談社	1977	数

	著者，訳者	書名，シリーズ名	出版社	刊行年	分野
19	野本和幸	フレーゲ入門―生涯と哲学の形成 （双書エニグマ）	勁草書房	2003	数
20	竹内外史	新装版 集合とはなにか―はじめて学ぶ人のために （講談社ブルーバックス）	講談社	2001	数
21	Georg Ferdinand Ludwig Philipp Cantor ほか	神の数学 カントールと現代の集合論 （季刊哲学5号）	哲学書房	1988	数
22	John N. Crossley 田中尚夫	現代数理論理学入門 （共立全書）	共立出版	1977	数
23	鹿島亮	数理論理学 （現代基礎数学）	朝倉書店	2009	数
24	小野寛晰	情報科学における論理 （情報数学セミナー）	日本評論社	1994	数
25	野崎昭弘	離散系の数学 （コンピュータサイエンス大学講座）	近代科学社	1980	数
26	篠田寿一 倉田玲二朗 監修	公理的集合論 （数学基礎論シリーズ）	河合文化教育研究所	1996	数
27	坪井明人 倉田玲二朗 監修	モデルの理論 （数学基礎論シリーズ）	河合文化教育研究所	1997	数
28	篠田寿一 倉田玲二朗 監修	帰納的関数と述語 （数学基礎論シリーズ）	河合文化教育研究所	1997	数
29	Richard Jeffrey 戸田山和久	形式論理学―その展望と限界	産業図書	1995	数
30	竹内外史，八杉満利子	復刊 証明論入門	共立出版	2010	数
31	David Hilbert, Wilhelm Friedrich Ackermann 石本新，竹尾治一郎	記号論理学の基礎	大阪教育図書	1954	数
32	Glenn Shafer, Vladimir Vovk 竹内啓，公文雅之	ゲームとしての確率とファイナンス	岩波書店	2006	解
33	新井敏康	数学基礎論	岩波書店	2011	数
34	David Hilbert, Felix Christian Klein 正田建次郎，吉田洋一 監修 寺阪英孝，大西正男 訳	ヒルベルト 幾何学の基礎 クライン エルランゲン・プログラム	共立出版	1970	幾

	著者，訳者	書名，シリーズ名	出版社	刊行年	分野
35	Akihiro J. Kanamori 渕野昌	巨大基数の集合論	シュプリンガー・フェアラーク東京	1998	数
36	David Hilbert, Paul Bernays 吉田夏彦，渕野昌	数学の基礎 復刻版 （シュプリンガー数学クラシックス）	丸善出版	2007	数
37	Kenneth Kunen 藤田博司	集合論──独立性証明への案内	日本評論社	2008	数
38	Alfred North Whitehead, Bertrand Arthur William Russell 岡本賢吾，加地大介，戸田山和久	プリンキピア・マテマティカ序論	哲学書房	1988	数
39	飯田隆 編	リーディングス 数学の哲学──ゲーデル以後	勁草書房	1995	数
40	銭宝琮 川原秀城	中国数学史	みすず書房	1990	数
41	Gottfried Wilhelm Leibniz 澤口昭聿	ライプニッツ著作集〈1〉論理学	工作舎	1988	数
42	Gottfried Wilhelm Leibniz 原亨吉，佐々木力，三浦伸夫，馬場郁，斎藤憲，安藤正人，倉田隆 訳・解説	ライプニッツ著作集〈2〉数学論・数学	工作舎	1997	数
43	田中一之	ゲーデルに挑む 証明不可能なことの証明	東京大学出版会	2012	数
44	Torkel Franzen 田中一之	ゲーデルの定理 利用と誤briefの不完全ガイド	みすず書房	2011	数
45	田中一之	ゲーデルと20世紀の論理学 1～4	東京大学出版会	2006	数
46	田中一之，角田法也，鹿島亮，菊池誠	数学基礎論講義 不完全性定理とその発展	日本評論社	1997	数
47	田中一之，鈴木登志雄	数学のロジックと集合論	培風館	2003	数
48	Marcus Giaquinto 田中一之 監訳	確かさを求めて 数学の基礎についての哲学論考	培風館	2007	数
49	田中一之	逆数学と2階算術	河合文化教育研究所	1997	数
50	田中一之	数の体系と超準モデル	裳華房	2002	数

	著者, 訳者	書名, シリーズ名	出版社	刊行年	分野
51	田中一之 編	数学の基礎をめぐる論争── 21世紀の数学と数学基礎論のあるべき姿を考える	シュプリンガー・フェアラーク東京	1999	数
52	S. G. Simpson	Subsystems of Second Order Arithmetic	Springer* Cambridge University Press	1999* 2009	数
53	J. R. Shoenfield	Mathematical Logic	Addison-Wesley* A. K. Peters	1967* 2001	数

＊は初版

13

Toh ENJOE

円城 塔
小説家

数学を基調に，読み物として眺められるものを集めてみた．
広く，自分が数学っぽさを感じるものなども入れてある．
何故と思うものもあるかも知れないが，こんなあたりを
数学との出入り口にしている人もいるだろうと思う．

数 幾 解 代 他

1
『岩波　数学入門辞典』

青本和彦，上野健爾，加藤和也，神保道夫，砂田利一，髙橋陽一郎，深谷賢治，俣野博，室田一雄 編

岩波書店
2005年

一家に一冊
もしもの為の
数学辞典
円城塔

年々進む数学辞典の長大化は多くの問題を引き起こしていた．まずあまりに重すぎるため，寝転がって読むことができなくなった．それどころか気軽に開くことさえできず，押し花づくりか凶器くらいにしか役立たなくなってしまった．そして内容の細分化が進みすぎ，門外漢にとっては難解な呪文書のようなものになってしまった．

それではいかん，ということで作られたのがこの辞典だと想像しているが，当たっているかどうかはわからない．

「君もここに書かれていることくらいは全部わかっていないと駄目なんだよ」

と言われ，驚倒したことがある．数学者ではなくとも，物理屋として数学を使おうとしているのなら，このくらいは常識であるべきである，ということらしい．だから書名の中の

「入門」には，この内容を全部理解しているようなら数学者としての入門を許す，というニュアンスもあるということになる．

一般にあまり知られておらず，当の数学者のほうでは奇妙だとも思っていないことが多いが，数学者の養成はかなり特殊な過程を経る．週に一度程度のセミナーで，黒板を前にその間自分が考えていたことを板書しながら説明していく．一行一行つながりを確認しながら，発表者がつまれば参加者みんなで黙って考える．この作業は当人たちが数学者である限り続く．一つひとつの言葉の意味ははっきりしており，あるいははっきりするまで説明されることになる．数学者はつくられるのではなく生まれるのだ，と言われるが，こうして養成課程というものは存在している．

集まって検討するのは何故かというと，「一人で考えているだけでは間違えるから」だという．あるいは「他人に説明できない限り本当にわかったことにならないから」だという．これは門外漢からすると意外なことで，整然と進んでいそうな数学業界内部では，人間の好みや傾きなどは問題とならないはずで，推論は常に厳密であり，間違えようなどないと思われがちだ．この素人考えは数学者に対する過剰なイメージづけによるものである．数学者は当然人間なのだし，したがって数学とは，とても人間的な営みであり，これらの用語は長い時間をかけて整備されてきたものなのだ．

これはそんな人たちの使う言葉の基本的な語彙を集めた辞典である．

あるとき，編集委員の一人がこう漏らしているのを聞き，改めて驚倒したことがある．

「あんなに面倒になるのだったら，一人で書いてしまえば良かった……」

数 幾 解 代 **他**

2 『麗しのオルタンス』

Jacques Roubaud 著
高橋啓 訳
（創元推理文庫），東京創元社
2009 年

小説の中に数学あり
円城塔

　ウリポ，潜在的文学工房は，言葉遊びをよくする集団である．規則に従って文章を書く，あるいは変形していくということをよくする．シュールレアリズムの系譜をひきつつ，人間の意識的な活動や独創性に留保をおきながら，かといって無意識的な乱痴気騒ぎにも乗り切れないといった人々を今も強く引きつけている．

　何かの文字の使用を制限する（『煙滅』ジョルジュ・ペレック），通常の文章の単語を片っ端からおきかえていく，ソネットをバラバラにしておき自由に組み合わせていく（『百兆の詩篇』レーモン・クノー），ラテン方陣に従って話の舞台を設定する（『人生使用法』ジョルジュ・ペレック），などの試みが有名である．発起人が数学者とされることもあり，また形式的な操作をよくすることから，数学的な文学をもっぱらと

する集団と見なされることもあるのだが，心静かに眺める分に，イロハ歌が数学ではないように，特に数学的と強調する必要はなさそうである．やはり詩人や作家の多い集団の中で，本書の作者ジャック・ルーボーは数少ない本職の数学者である．ただし彼が数学者として詩や小説を書いたのかというと，引退後の彼が元数学者を名乗っていることから考えて，ある程度の距離を保っていたのではないかと思われる．

さて，この『麗しのオルタンス』は「金物屋の恐怖」と呼ばれる連続鍋落下事件を軸に，ポルデヴィア皇太子の跡目争いに巻き込まれていくオルタンス，という大まかな筋をもつのだが，この小説の眼目はそういった推理小説要素のほうではない．

この小説を支配しているのは渦巻き状の置換であり，金物屋の恐怖の事件現場が螺旋を描いて移動していくのも，ポルデヴィアのシンボルがカタツムリ（渦巻き）なのも，そうして章立てがこの本で採用された形になっているのも，置換が背後にあるからである．

本作を通常のミステリーとして読んだ場合は不条理な小説としか見えないかも知れないのだが，作品の背後のつくりを見出していくミステリーとして読むならば，これ以上楽しい作品はあまりない．

本作にはドイツ語訳があるそうなのだが，やはり「何がなにやらわからない」と言われたそうだ．それではというので著者自ら置換について説明してみたそうだが，芳しい反応はなかったらしい．「ともかく売れなかった」と笑っていた．

実はこのオルタンス，三部作の第一部である．ある程度の売り上げがないと続きが邦訳される目は少ない．

数 機 解 代 他

3
『ノヴァーリス作品集』（全3巻）

Novalis 著
今泉文子 訳
（ちくま文庫），筑摩書房
2006年

詩人たちの数学への憧れとは，時に常人の理解を超えてしまうことがあり，さらに厄介なことには数学者たちの理解をも超えてしまうことがある．たとえばエドガー・アラン・ポーはその名高い『大鴉』を形式的に書いたのだと主張している（『構成の原理』）．ここまではまだ，そういうこともあるかも知れないというあたりだが，更に高邁にして遠大な宇宙論を『ユリイカ』で展開するあたりになると，どのような顔でつきあうのかの選択は難しくなり，ポーにとっての数学とは何なのかよくわからなくなってくる．

『青い花』で有名なノヴァーリスの残した断章にも，数学への強い憧れが露骨な形で現れる．『一般草稿』の中で彼は書く．

「数学とは，おそらく，悟性の霊力が脱秘教化され，外的な客体，器官（道具）となったものであり——現実化され，客体化された悟性に他ならない」

であるならばもしかして，ひょっとすると人間の内面に存在する他の諸学も，器官（道具）として外在化することができるのではないか，ということになる．たとえば，文学も人間の内面から出て，外部に客観的に存在する道具となることができるのではないか，ということである．ついては，「1 数学は可能か．2 いかにして数学は可能か」（フライベルク自然科学研究）について考えることが必要となるわけである．わけである，と言われても困るとは思う．

しかしこの傾きが決してノヴァーリス一人の偏りではなく，ロマン派に共通したものであったことは，ジョン・ノイバウアーの『アルス・コンビナトリア—象徴主義と記号論理学』（ありな書房）などをみるとわかる．アルス・コンビナトリアの語からもわかるように，この流れの上流には『結合法論（アルス・コンビナトリア）』を書いたライプニッツが鎮座している．記号化とその操作，そして抽象物の客体化は（ある種の）詩人を強く惹きつけ続けることになる．

この流れは決して途絶えておらず，20世紀になってからでもポール・ヴァレリーの『カイエ』の中に同種の思考の筋道（や謎の記号）を見出すことが可能である．

ついてはここに一つ疑惑があって，文学者たちの「数学研究」があまり公にされない理由として，遺稿の編集者たちにとっては，数学についての書きつけが反故にしか見えないという事情があったりはしないだろうか．

数 幾 解 代 他

4
『あなたの人生の物語』

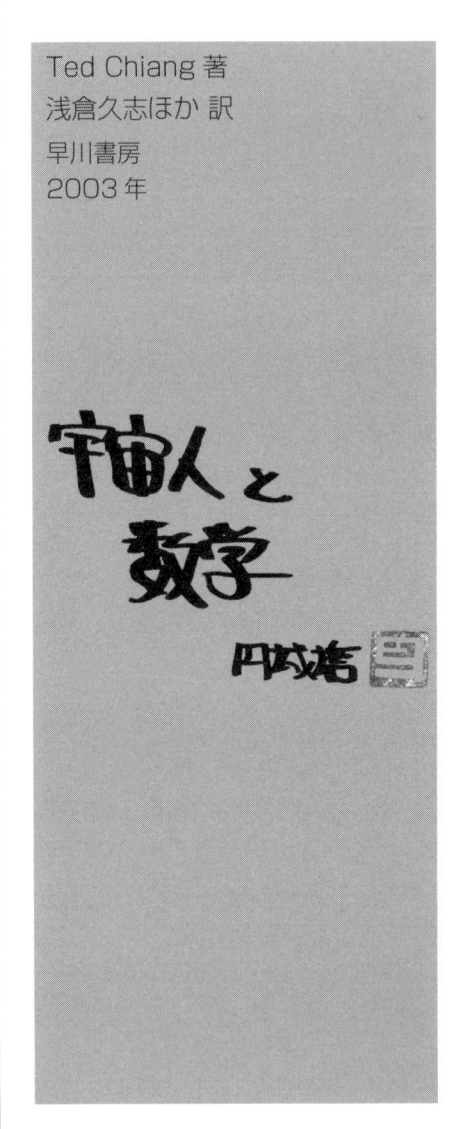

Ted Chiang 著
浅倉久志ほか 訳
早川書房
2003年

SFと数学の関係はとても微妙である．奇妙な物質や時空間，宇宙人やら別の知性やらをとても気軽に扱うわりに，数学に対してだけは腰がひけている気配すらある．

理由はとても単純で，嘘科学というものはいい加減に設定できても，嘘数学というものはとても難しいからだ．1足す1が2とは限らないとドストエフスキーやジョージ・オーウェルが書いたとしても，彼らがそこで描いているのはそういう数学が成立する世界の話ではない．

嘘数学は単に間違っているが故に数学ではありえず，嘘でなければそれはそのまま数学である．そうするとSF作家が数学を相手にする場合には斬新な定理なり大理論なりを自分でつくり出さなければならないということになりそうなのだが，それはSF作家というよりは数学者である．

小さな定理くらいなら可能なのかも知れないが，SFとは一般にとても派手なものが好まれる．

この困難を回避するための方策としては，ⅰ）適当な専門用語をそれっぽく並べて誤魔化す．ⅱ）既知の理論からの帰結を主眼とした話を書く．ⅲ）既知の理論に沿った形で話を展開する，などが挙げられる．ⅱとⅲの区別はわかりにくいが，ⅱが，話題に円の出てくる話とするなら，ⅲは話の形が円環的になっているという形をとるというくらいの意味だ．他にも円が主人公として語るという手もあるにはあるが，この手法が採られることは数えるほどしかない．意味がよくわからないから．

ⅰの代表作として，グレッグ・イーガンの『ルミナス』と『暗黒整数』の連作を挙げておきたい．これは我々の世界が，別の数学により攻撃を受ける話である．暗黒整数とは，存在しているのは間違いないが未だ観測できないままの暗黒物質の整数版である．法螺もここまで吹けばむしろ潔いと言える．

ⅱは論理パズル的な作品によくみかけるし，イーガンのお家芸でもある（群体全体でユニバーサル・チューリング・マシンを構成している異星体など）．

ⅲは意外に難しい．数学のアイディアを伝えるためには，必ずしも数式が必要ではないだろうと思っても，いざやってみようとするとなかなかできるものではない．

表題作『あなたの人生の物語』の背景に置かれたのは変分原理である．今のところ最も優れた変分原理SFであると思うが，そもそもこの分野の書き手は絶無に近く，今のところほぼ唯一の変分原理（的）SFでもある．

5 [数] David Mumford, Caroline Series, David Wright 著
小森洋平 訳
『インドラの真珠』
日本評論社，2013年

意外とこういうディテールは知らないものです．

6 [幾] Joseph O'Rourke 著
上原隆平 訳
『折り紙のすうり』
近代科学社，2012年

折り紙は，20世紀後半でようやくと数学っぽくなってきた感があります．

7 [解] Mark Kac 著
髙橋陽一郎 監修・訳
中嶋眞澄 訳
『Kac 統計的独立性』
数学書房，2011年

賢い人の人生を曲げてしまうことで知られた本．

8 [数] Torkel Franzen 著
田中一之 訳
『ゲーデルの定理　利用と誤用の不完全ガイド』
みすず書房，2011年

ゲーデルに悪ハマりしている人に渡すのに便利です．

9 [解] Robert Shaw 著
佐藤譲，津田一郎 訳
『水滴系のカオス』
岩波書店，2006年

カオスが手作りされていく風景を見られます．

10 [代] Aleksandr Yakovlevich Khinchin 著
蟹江幸博 訳・解説
『数論の3つの真珠』
日本評論社，2000年

初等的だからといってわかりやすいわけではないのだと気づいたらそこがはじまり．

11 [他] Martin Gardner 著
一松信／赤攝也，赤冬子 訳
『マーチン・ガードナーの数学ゲーム　I, II　新装版』
(別冊日経サイエンス)，日経サイエンス，2010／2011年

マーチン・ガードナーの翻訳がちまちまとしか手に入らないのはおかしいのです．

12 [他] 田崎晴明
『熱力学―現代的な視点から』
(新物理学シリーズ)，培風館，2000年

日本の熱力学理解が突出しているのはこの本のおかげ．

13 [他] Edwin Abbott Abbott 著
冨永星 訳
『フラットランド　多次元の冒険』
日経BP社，2009年

[他] A. K. Dewdney 著
野崎昭弘，市川洋介，野崎昌弘 訳
『プラニバース』
工作舎，1989年

高次元版を書く人が待ち望まれます．

14 Georges Perec 著
他 酒詰治男 訳
『人生 使用法』
水声社, 1992年

10×10の直交ラテン方陣が発見されたときいて, 小説を書いてしまう人もいます.

15 Edgar Allan Poe
福永武彦ほか 訳
他 『ポオ 詩と詩論』
(創元推理文庫), 東京創元社, 1979年

ポオは「大鴉」を形式的に書いたと主張しています.

16 Jorge Luis Borges 著
他 鼓直 訳
『伝奇集』
(岩波文庫), 岩波書店, 1993年

数学面での改善案を考えながら読むと面白いです.

17 Richard Powers 著
他 若島正 訳
『ガラテイア 2.2』
みすず書房, 2001年

機械的に小説を書く話がよくありますが, これは機械的に小説を読む話.

18 Philip K. Dick 著
他 浅倉久志 訳
『高い城の男』
早川書房, 1984年

実際に易経を用いて(確率的に)書いたとか書かなかったとか.

19 Italo Calvino 著
他 河島英昭 訳
『宿命の交わる城』
河出書房新社, 2004年

他 Milorad Pavic 著
三谷惠子 訳
『帝都最後の恋—占いのための手引き書』
松籟社, 2009年

タロットを利用した組み合わせ小説.

20 Stanislaw Lem 著
他 長谷見一雄, 西成彦, 沼野充義 訳
『虚数』
国書刊行会, 1998年

他 Stanislaw Lem 著
沼野充義 訳
『完全な真空』
国書刊行会, 1989年

レムの前にレムなく, レムの後にレムなし.

	著者，訳者	書名，シリーズ名	出版社	刊行年	分野
1	青本和彦ほか 編	岩波　数学入門辞典	岩波書店	2005	数
2	David Mumford, Caroline Series, David Wright	インドラの真珠	日本評論社	2013	数
3	Joseph O'Rourke	折り紙のすうり	近代数学社	2012	幾
4	Mark Kac 髙橋陽一郎 監修・訳 中嶋眞澄 訳	Kac 統計的独立性	数学書房	2011	解
5	K. W. Körner	フーリエ解析大全　上・下	朝倉書店	1996	解
6	William Feller	確率論とその応用 I 　上	紀伊國屋書店	1960	解
7	田崎晴明	熱力学―現代的な視点から（新物理学シリーズ）	培風館	2000	他
8	山本義隆	熱学思想の史的展開（全3巻）（ちくま学芸文庫）	筑摩書房	2008	他
9	Torkel Franzen 田中一之	ゲーデルの定理―利用と誤用の不完全ガイド	みすず書房	2011	数
10	大沢文夫	大沢流手づくり統計力学	名古屋大学出版会	2011	他
11	Robert Shaw	水滴系のカオス	岩波書店	2006	解
12	伊庭幸人	ベイズ統計と統計物理	岩波書店	2003	解
13	Aleksandr Yakovlevich Khinchin	数論の3つの真珠	日本評論社	2000	代
14	Martin Aigner, Gunter M. Ziegler 蟹江幸博	天書の証明	丸善出版	2002	他
15	Martin Gardner 一松信	マーチン・ガードナーの数学ゲーム I 　新装版（別冊日経サイエンス 176）	日経サイエンス	2010	他
16	Martin Gardner 赤攝也，赤冬子	マーチン・ガードナーの数学ゲーム II 　新装版（別冊日経サイエンス 182）	日経サイエンス	2011	他
17	Florin Diacu, Philip Holmes	天体力学のパイオニアたち　上・下	丸善出版	2004	他
18	林晋，八杉満利子	ゲーデル　不完全性定理（岩波文庫）	岩波書店	2006	他
19	根上生也	四次元が見えるようになる本	日本評論社	2012	他
20	Raymond Merrill Smullyan	この本の名は？	日本評論社	2013	他

	著者, 訳者	書名, シリーズ名	出版社	刊行年	分野
21	川添愛	白と黒のとびら	東京大学出版会	2013	他
22	Edwin Abbott Abbott 冨永星	フラットランド　多次元の冒険	日経BP社	2009	他
23	A. K. Dewdney	プラニバース	工作舎	1989	他
24	John von Neumann	計算機と脳 （ちくま学芸文庫）	筑摩書房	2011	数
25	Norbert Wiener	サイバネティクス （岩波文庫）	岩波書店	2011	他
26	Jorge Luis Borges 鼓直	伝奇集 （岩波文庫）	岩波書店	1993	他
27	Jacques Roubaud	麗しのオルタンス （創元推理文庫）	東京創元社	2009	他
28	Georges Perec	人生 使用法	水声社	1992	他
29	Raymond Queneau	わが友ピエロ	月曜社	1942	他
30	Italo Calvino	宿命の交わる城 （河出文庫）	河出書房新社	2004	他
31	Novalis	ノヴァーリス作品集（全3巻） （ちくま文庫）	筑摩書房	2006	他
32	Edgar Allan Poe	ポオ　詩と詩論 （創元推理文庫）	東京創元社	1979	他
33	Gottfried Wilhelm Leibniz	ライプニッツ著作集〈1〉論理学	工作舎	1988	数
34	Frances A. Yates	記憶術	水声社	1993	他
35	Greg Egan	順列都市　上・下 （ハヤカワ文庫）	早川書房	1999	他
36	Greg Egan	万物理論 （ハヤカワ文庫）	早川書房	2004	他
37	Greg Egan	ディアスポラ （ハヤカワ文庫）	早川書房	2005	他
38	Greg Egan	ひとりっ子 （ハヤカワ文庫）	早川書房	2006	他
39	Greg Egan	プランク・ダイブ （ハヤカワ文庫）	早川書房	2011	他
40	Ted Chiang	あなたの人生の物語 （ハヤカワ文庫）	早川書房	2003	他
41	Stanislaw Lem	虚数	国書刊行会	1998	他
42	Stanislaw Lem	完全な真空	国書刊行会	1989	他

	著者，訳者	書名，シリーズ名	出版社	刊行年	分野
43	若島正 編	モーフィー時計の午前零時	国書刊行会	2009	他
44	Richard Powers	ガラテイア 2.2	みすず書房	2001	他
45	Philip K. Dick	高い城の男 (ハヤカワ文庫)	早川書房	1984	他
46	Milorad Pavic	帝都最後の恋　占いのための手引き書	松籟社	2009	他
47	小林泰三	大きな森の小さな密室 (創元推理文庫)	東京創元社	2011	他
48	法月綸太郎	ノックス・マシン	角川書店	2013	他

数学者が読んでいる本ってどんな本

2013 年 10 月 25 日　第 1 刷発行　　　　　　　　　　Printed in Japan
　　　　　　　　　　　　　　　　　　　　　　　　　　Ⓒ 2013

編　集　　小谷元子

発行所　　東京図書株式会社
　　　　　〒 102-0072　東京都千代田区飯田橋 3-11-19
　　　　　電話　03（3288）9461
　　　　　振替　00140-4-13803
　　　　　ISBN 978-4-489-02164-0
　　　　　http://www.tokyo-tosho.co.jp

Ⓡ〈日本複写権センター委託出版物〉
本書を無断で複写複製（コピー）することは、著作権法上の例外を除き、禁じられています。
本書をコピーされる場合は、事前に日本複写権センター（JRRC）の許諾を受けてください。
　　JRRC〈http://www.jrrc.or.jp　e メール：info@jrrc.or.jp　電話：03-3401-2382〉